2024 中国林业和草原植物新品种与知识产权年度报告

国家林业和草原局科技发展中心
中国林业科学研究院林业科技信息研究所　编著

图书在版编目(CIP)数据

2024中国林业和草原植物新品种与知识产权年度报告 / 国家林业和草原局科技发展中心, 中国林业科学研究院林业科技信息研究所编著. -- 北京 : 中国林业出版社, 2025.4. -- ISBN 978-7-5219-3174-7

Ⅰ. D923.404

中国国家版本馆CIP数据核字第2025XE0688号

策划编辑：甄美子
责任编辑：甄美子　邹爱
装帧设计：北京八度出版服务机构

出版发行：中国林业出版社
　　　（100009，北京市西城区刘海胡同7号，电话 010-83143577）
电子邮箱：cfphzbs@163.com
网　址：https://www.cfph.net
印　刷：河北京平诚乾印刷有限公司
版　次：2025年4月第1版
印　次：2025年4月第1次印刷
开　本：889mm×1194mm　1/16
印　张：8.75
字　数：196千字
定　价：46.00元

《2024 中国林业和草原植物新品种与知识产权年度报告》

编辑委员会

主　任： 李天送　贺顺钦

副主任： 龚玉梅　许慧娟　周建仁　陈　光　叶　兵

委　员： 段经华　王地利　柳玉霞　杨瑷铭　刘　源
　　　　　马文君　张慕博　王姣姣　李　博　范圣明
　　　　　尚玮姣

前言

2024年，国家林业和草原局深入学习贯彻习近平新时代中国特色社会主义思想和党的二十大精神，认真贯彻落实习近平总书记关于林草工作和知识产权工作的重要指示批示精神，按照党中央决策部署，深入实施知识产权强国战略，推进实施《知识产权强国建设纲要(2021-2035年)》《"十四五"国家知识产权保护和运用规划》，全面推进林草植物新品种保护和知识产权工作，有效提升了林草知识产权保护的整体能力和水平。

在认真回顾和总结2024年度林业和草原知识产权工作的基础上，国家林业和草原局科技发展中心和中国林业科学研究院林业科技信息研究所组织编撰了《2024中国林业和草原植物新品种与知识产权年度报告》，旨在通过对一年来林业和草原知识产权工作主要进展和成果的展示，让更多的人了解、关心和支持林业和草原知识产权工作，共同促进林业和草原知识产权的创造、运用、保护和管理，提升林业和草原知识产权公共服务水平，为加快推进林业和草原高质量发展提供有力支撑。

本报告资料系统、内容翔实，具有较强的科学性、可读性和实用性，可供林草行政管理部门和企事业单位的干部、科研和教学人员参考。

国家林业和草原局科技发展中心
中国林业科学研究院林业科技信息研究所
2025年1月

CONTENTS 目录

前　言

概　述 ·· 001

审查授权 003

推进林草植物新品种权审批智能化和便利化 ····················003

完善林草植物新品种测试体系 ··004

完善林草植物新品种复审制度 ··008

执法保护 009

推进植物新品种保护条例修订 ··009

积极推动实质性派生品种制度实施 ····································009

健全林草知识产权协同保护格局 ··009

林草植物新品种保护典型案例 ··010

转化运用 012

开展林草知识产权转化运用项目 ··012

首次办理林草植物新品种权质押融资 ································014

106个林草植物新品种参加美国园艺花卉展 ······················014

两项林草专利荣获第二十五届中国专利奖优秀奖 ············014

林草知识产权转化应用优秀案例 ··015

国际合作 017

参加国际植物新品种保护联盟（UPOV）系列会议 ··········017

参加东亚植物新品种保护论坛（EAPVPF） ·· 017
　　促进中欧植物新品种保护交流合作 ·· 017
　　中国加入国际植物新品种保护联盟（UPOV）25周年 ···································· 017
　　开展国际林业知识产权发展动态跟踪研究与履约研究 ····································· 018

宣传培训 020

　　开展2024年全国林业和草原知识产权宣传周活动 ·· 020
　　出版《2023中国林业和草原知识产权年度报告》 ··· 020
　　编印《林业知识产权动态》 ··· 020
　　举办林草新品种及知识产权保护与管理培训班 ·· 021
　　加强林业和草原知识产权宣传与媒体报道 ··· 021

统计分析 023

　　2024年林业和草原植物新品种权统计分析 ·· 023
　　2024年林业和草原专利统计分析 ·· 037
　　国际植物新品种统计分析 ··· 055

2024年授权林草植物新品种展示 060

概 述

2024年，国家林业和草原局认真落实《中华人民共和国种子法》《中华人民共和国植物新品种保护条例》等法律法规，深入实施知识产权强国战略，全力推进林业和草原植物新品种与知识产权工作，为我国现代林业和草原高质量发展注入强劲动力，取得了显著成效。

提升林业和草原植物新品种审查和授权效率。整合林草植物新品种申请平台至国家林业和草原局行政审批平台（2024年9月实施），提升品种权人、社会公众和审查人员办事效率。发布植物新品种权申请、变更、转让、异议等办事指南，规范申请流程，完善林草植物新品种复审制度，推动授权效率和质量提高。

完善林业和草原植物新品种测试体系与能力建设。2024年启动福州、洛阳、呼和浩特测试站建设，海南崖州分中心、长沙测试站通过验收；截至2024年年底，林草植物新品种测试机构包括1个测试中心、6个测试分中心、2个分子实验室和8个专业测试站建设，为品种测试和行政执法奠定了基础。2024年18项林草植物新品种测试指南以林草行业标准发布，截至2024年底累计发布93项国家标准/行业标准（其中，国家标准13项、林草行业标准80项）。启动首批36项自筹经费测试指南编制，鼓励科研单位参与标准制定。

持续推进林业和草原植物新品种权执法保护。国家林业和草原局积极参与推动《中华人民共和国植物新品种保护条例》修订。同步推进实质性派生品种制度落地，完成枸杞、桂花、芦竹、樱桃4个品种实质性派生品种鉴定方法草案编制。强化行政执法与司法协同，指导多地查处侵权案件，严格管理涉外品种权转让，筑牢安全防线。

林业和草原知识产权转化运用取得实效和突破。2024年组织实施了8项林草知识产权转化运用项目，截至2024年年底累计实施125项，有效支撑林草产业技术升级。首次完成林草植物新品种权质押融资备案，云南锦科花卉工程研究中心有限公司以多个蔷薇属新品种权获得华夏银行690万元质押贷款。组织国内26家单位携106个自育林草植物新品种亮相美国园艺花卉展，推动中国林草育种成果走向国际市场。"一种无醛大豆蛋白基胶黏剂及其制备方法"（ZL201811422256.6）和"一种大熊猫精子的冷冻保存方法"（ZL201610288665.6）荣获第二十五届中国专利优秀奖。

持续深化林业和草原植物新品种保护国际合作与交流。接待国际植物新品种保护联盟（UPOV）理事长尤兰达·赫尔塔（Yolanda Huerta）女士来华访问，派员参加UPOV系列会议、东亚植物新品种保护论坛，赴欧盟植物新品种保护办公室和UPOV秘书处进行交流，推进中文数据纳入PLUTO数据库，探讨林草品种接入PRISMA系统，借鉴高效保护模式和管理经验，介绍中国林草植物新品种保护进展，宣传中国林草植物新品种转化运用成效，得到UPOV及相关成员国高度赞赏。持续跟踪植物新品种与知识产权的国际动态，完成越南、菲律宾、柬埔寨、老挝、文莱5国植物新品种保护制度研究。

加强林业和草原知识产权宣传与培训。组织开展2024年全国林草知识产权宣传周系列活动，在《中国绿色时报》推出"优良植物新品种转化应用的中国实践"特刊、发布《2023中国林业和草原知识产权年度报告》、编辑《林业知识产权动态》专刊"全国林草知识产权宣传周专刊——国外植物新品种保护概况"、在国家林业和草原局政府网发布"2024年全国林草知识产权宣传周"专题频道，通过一系列宣传活动推动林草植物新品种与知识产权保护意识不断深入人心。举办全国林草植物新品种及知识产权管理培训班和2期审查测试技术培训班，全年培训300人次。

林业和草原知识产权数量稳步增长。2024年，国家林业和草原局受理植物新品种权申请1338件，授权878件；截至2024年年底，累计受理植物新品种权申请12080件，授权5848件。2024年，国家知识产权局专利数据库公开的林业专利量82257件，其中，发明专利35789件（43.51%）；截至2024年年底，国家知识产权局专利数据库公开的林业专利量970577件，其中，发明专利439197件（45.25%）。2024年，国家知识产权局专利数据库公开的草原专利量11659件，其中，发明专利5930件（50.86%）；截至2024年年底，国家知识产权局专利数据库公开的草原专利量137886件，其中，发明专利75490件（54.75%）。

审查授权

○ 推进林草植物新品种权审批智能化和便利化

优化植物新品种权受理审查流程，完善在线申请和审查系统，规范申请流程，提高授权效率。2024年9月，将林草植物新品种申请平台整合到国家林业和草原局行政审批平台，发布植物新品种权申请、变更、转让、异议等办事指南，实现无纸化申请，方便品种权人、社会公众和审查人员办理相关事务。启动林草植物新品种档案电子化工作，前往国家知识产权局专利局就档案电子化工作开展学习调研。

林草植物新品种权申请审批流程如下。

（1）申请：申请人在国家林业和草原局网上行政审批平台提出申请。

（2）受理：对符合规定的品种权申请予以受理，明确申请日、给予申请号；对不符合或者经修改仍不符合规定的品种权申请不予受理，并通知申请人。

（3）初步审查：自受理品种权申请之日起6个月内完成初步审查，对经初步审查合格的品种权申请予以公告；对经初步审查不合格的品种权申请，通知申请人在3个月内陈述意见或者予以修正，逾期未答复或者修正后仍然不合格的，驳回申请。

（4）实质审查：申请公告发布后，品种权申请进入实质审查阶段；国家林业和草原局植物新品种保护办公室（以下简称"新品办"）将根据不同的植物属种，明确相应的实质审查方式，主要包括田间测试和现场审查；采取田间测试方式的，新品办测试管理处将安排相关测试机构按照《林业植物新品种测试管理规定》等要求开展田间测试工作；采取现场审查方式的，申请人需提交现场审查申请表，新品办测试管理处将按照《植物新品种DUS[①]现场审查组织、工作规则》等要求组织开展现场审查工作。

（5）品种权申请人、培育人变更：填写植物新品种权申请人变更表、变更培育人说明，签字、盖章后将纸质版邮寄新品办。

（6）授权或驳回：对经实质审查符合规定的品种权申请，作出授予品种权的决定并予以登记和公告；对经实质审查不符合规定的品种权申请，予以驳回并告知申请人。

（7）品种权人变更：填写林业植物新品种权人变更申报书，签字、盖章后将纸质版申报书和附件邮寄新品办。

（8）质押登记：填写林草植物新品种权质押备案申请表，将签字、盖章纸质版和附件邮寄新品办。

林草植物新品种权申请量和授权量持续攀升。2024年，国家林业和草原局受理植物新品种权申请1338件，授权878件；截至2024年年底，累计受理植物新品种权申请12080件，授权5848件。

---

① DUS是指特异性（Distinctness）、一致性（Uniformity）和稳定性（Stability）。

完善林草植物新品种测试体系

开展植物新品种DUS测试是植物新品种授权机关对申请品种进行实质审查的重要内容。通过建立、健全林草植物新品种保护的技术支撑体系，加强测试机构的合理布局和条件能力建设，加快测试指南编制，完善已知品种数据库，有效提高了林草植物新品种的审查测试能力。

加强林草植物新品种测试机构布局。 2024年，启动筹建福州、洛阳、呼和浩特测试站，提升草品种测试能力；海南崖州测试分中心、长沙测试站通过验收，开展叶子花、李属樱花、萱草属、秋海棠属4个属（种）田间测试；新增3个属（种）田间测试，蔷薇属实现南北两站协同测试。截至2024年年底，林草植物新品种测试机构包括1个测试中心、6个测试分中心、2个分子实验室和8个专业测试站建设（表1），为品种测试和行政执法奠定了基础。

表1　国家林草植物新品种测试机构布局

序号	类型	测试机构名称	依托单位	所在地	测试范围
1	测试中心	国家林草植物新品种测试中心	国家林业和草原局科技发展中心	北京市东城区	
2	测试分中心	国家林草植物新品种测试华北分中心	中国林业科学研究院华北林业实验中心	北京市门头沟区	
3	测试分中心	国家林草植物新品种测试华东分中心	中国林业科学研究院亚热带林业实验中心	江西省新余市	
4	测试分中心	国家林草植物新品种测试华南分中心	中国林业科学研究院热带林业实验中心	广西壮族自治区凭祥市	
5	测试分中心	国家林草植物新品种测试磴口分中心	中国林业科学研究院沙漠林业实验中心	内蒙古自治区磴口县	
6	测试分中心	国家林草植物新品种测试东北分中心	中国林业科学研究院黑龙江分院	黑龙江哈尔滨市	
7	测试分中心	国家林草植物新品种测试崖州分中心	海南省林业科学研究院（海南省红树林研究院）	海南省崖州区	
8	测试站	国家林草植物新品种昆明测试站	云南省花卉技术培训推广中心	云南省昆明市	蔷薇属、杜鹃花属
9	测试站	国家林草植物新品种上海测试站	上海市林业总站	上海市静安区	大戟属一品红、绣球属
10	测试站	国家林草植物新品种菏泽测试站	菏泽市牡丹发展服务中心	山东省菏泽市	芍药属
11	测试站	国家林草植物新品种太平测试站	国际竹藤中心三亚研究基地	安徽省黄山市	刚竹属、簕竹属
12	测试站	国家林草植物新品种杭州测试站	中国林业科学研究院亚热带林业研究所	浙江省杭州市	山茶属山茶
13	测试站	国家林草植物新品种南昌测试站	江西省林业科学院	江西省南昌市	樟属、栀子属
14	测试站	国家林草植物新品种长沙测试站	湖南省植物园	湖南省长沙市	李属樱花、萱草属、秋海棠属
15	测试站	国家林草植物新品种北京测试站	北京市林业果树科学研究院	北京市海淀区	蔷薇属
16	分子实验室	国家林草植物新品种分子测定实验室	中国林业科学研究院林业研究所	北京市海淀区	
17	分子实验室	国家林草植物新品种南方分子测定实验室	南京林业大学	江苏省南京市	

完善林草植物新品种行业标准。 2024年，檵木属等18项林草植物新品种测试指南以林草行业标准发布，其中，有关丁香属、一品红、杜鹃花属映山红亚属和羊踯躅亚属、杜鹃花属常绿杜鹃亚属和杜鹃花亚属的4项测试指南得到了更新和替代发布（表2）。截至2024年年底，共计93项测试指南标准以国家标准或行业标准发布，其中，国家标准13项、林草行业标准80项，有效提高了植物新品种的授权质量和审查测试能力。

表2　2024年发布的国家林草植物新品种测试指南

序号	标准号	标准名称	发布日期	实施日期
1	LY/T 3384—2024	植物新品种特异性、一致性、稳定性测试指南　檵木属	20240207	20240601
2	LY/T 3385—2024	植物新品种特异性、一致性、稳定性测试指南　落羽杉属	20240207	20240601
3	LY/T 3386—2024	植物新品种特异性、一致性、稳定性测试指南　栎属	20240207	20240601
4	LY/T 3387—2024	植物新品种特异性、一致性、稳定性测试指南　木姜子属	20240207	20240601
5	LY/T 3388—2024	植物新品种特异性、一致性、稳定性测试指南　柽柳属	20240207	20240601
6	LY/T 3389—2024	植物新品种特异性、一致性、稳定性测试指南　蚊母树属	20240207	20240601
7	LY/T 3390—2024	植物新品种特异性、一致性、稳定性测试指南　皂荚属	20240207	20240601
8	LY/T 3391—2024	植物新品种特异性、一致性、稳定性测试指南　紫荆属	20240207	20240601
9	LY/T 3392—2024	植物新品种特异性、一致性、稳定性测试指南　香椿属	20240207	20240601
10	LY/T 3393—2024	植物新品种特异性、一致性、稳定性测试指南　观赏海棠	20240207	20240601
11	LY/T 3394—2024	植物新品种特异性、一致性、稳定性测试指南　接骨木属	20240207	20240601
12	LY/T 3395—2024	植物新品种特异性、一致性、稳定性测试指南　荚蒾属	20240207	20240601
13	LY/T 3397—2024	植物新品种特异性、一致性、稳定性测试指南　绣球属	20240207	20240601
14	LY/T 1849—2024	植物新品种特异性、一致性、稳定性测试指南　丁香属	20240207	20240601
15	LY/T 1850—2024	植物新品种特异性、一致性、稳定性测试指南　一品红	20240207	20240601
16	LY/T 1852—2024	植物新品种特异性、一致性、稳定性测试指南　杜鹃花属映山红亚属和羊踯躅亚属	20240207	20240601
17	LY/T 1853—2024	植物新品种特异性、一致性、稳定性测试指南　杜鹃花属常绿杜鹃亚属和杜鹃花亚属	20240207	20240601
18	LY/T 3396—2024	植物新品种近似品种筛选指南	20240207	20240601

开展首批36项自筹经费测试指南编制。 2024年为进一步加快推进林草植物新品种DUS测试指南编制，鼓励相关科研单位、高校、企业等自筹经费编制DUS测试指南，发布《国家林业和草原局植物新品种保护办公室关于征集2024年自筹经费编制DUS测试指南项目的通知》，启动实施了首批36项自筹经费测试指南编制（表3）。

表3　2024年自筹经费编制的国家林草植物新品种测试指南项目

序号	项目编号	项目名称	项目承担单位
1	KJZXCSZC202401	植物新品种特异性、一致性、稳定性测试指南 桔梗属	北京市园林绿化科学研究院
2	KJZXCSZC202402	植物新品种特异性、一致性、稳定性测试指南 夏蜡梅属	浙江农林大学
3	KJZXCSZC202403	植物新品种特异性、一致性、稳定性测试指南 白木香	海南省林业科学研究院（海南省红树林研究院）
4	KJZXCSZC202404	植物新品种特异性、一致性、稳定性测试指南 槟榔	中国热带农业科学院椰子研究所
5	KJZXCSZC202405	植物新品种特异性、一致性、稳定性测试指南 澳洲坚果	中国林业科学研究院林业研究所、广西南亚热带农业科学研究所、贵州省亚热带作物研究所
6	KJZXCSZC202406	植物新品种特异性、一致性、稳定性测试指南 鳄梨	中国林业科学研究院林业研究所、广西南亚热带农业科学研究所、云南省红河热带农业科学研究所
7	KJZXCSZC202407	植物新品种特异性、一致性、稳定性测试指南 铁筷子属	浙江省园林植物与花卉研究所
8	KJZXCSZC202408	植物新品种特异性、一致性、稳定性测试指南 木芙蓉	成都市植物园（成都市公园城市植物科学研究院）
9	KJZXCSZC202409	植物新品种特异性、一致性、稳定性测试指南 素馨属	广西农业科学院花卉研究所
10	KJZXCSZC202410	植物新品种特异性、一致性、稳定性测试指南 落新妇属	河北科技师范学院
11	KJZXCSZC202411	植物新品种特异性、一致性、稳定性测试指南 木荷属	中国林业科学研究院亚热带林业研究所
12	KJZXCSZC202412	植物新品种特异性、一致性、稳定性测试指南 芦竹属	山东农业大学
13	KJZXCSZC202413	植物新品种特异性、一致性、稳定性测试指南 地黄属	北京市园林绿化科学研究院
14	KJZXCSZC202414	植物新品种特异性、一致性、稳定性测试指南 南酸枣	江西齐云山食品有限公司、中国林业科学研究院林业研究所
15	KJZXCSZC202415	植物新品种特异性、一致性、稳定性测试指南 溲疏属	北京林业大学
16	KJZXCSZC202416	植物新品种特异性、一致性、稳定性测试指南 木香薷	北京市园林绿化科学研究院
17	KJZXCSZC202417	植物新品种特异性、一致性、稳定性测试指南 薹草属	北京市园林绿化科学研究院
18	KJZXCSZC202418	植物新品种特异性、一致性、稳定性测试指南 牛至属	中国科学院植物研究所
19	KJZXCSZC202419	植物新品种特异性、一致性、稳定性测试指南 羊蹄甲属	中国科学院西双版纳热带植物园

（续）

序号	项目编号	项目名称	项目承担单位
20	KJZXCSZC202420	植物新品种特异性、一致性、稳定性测试指南 玉叶金花属	中国科学院西双版纳热带植物园
21	KJZXCSZC202421	植物新品种特异性、一致性、稳定性测试指南 余甘子	中国林业科学研究院热带林业研究所
22	KJZXCSZC202422	植物新品种特异性、一致性、稳定性测试指南 报春花属	四川农业大学
23	KJZXCSZC202423	植物新品种特异性、一致性、稳定性测试指南 常春藤属	浙江中医药大学松阳研究院有限公司
24	KJZXCSZC202424	植物新品种特异性、一致性、稳定性测试指南 刺榆属	山东省林草种质资源中心
25	KJZXCSZC202425	植物新品种特异性、一致性、稳定性测试指南 青钱柳属	南京林业大学
26	KJZXCSZC202426	植物新品种特异性、一致性、稳定性测试指南 降香檀	中国医学科学院药用植物研究所海南分所
27	KJZXCSZC202427	植物新品种特异性、一致性、稳定性测试指南 刺五加	中国医学科学院药用植物研究所
28	KJZXCSZC202428	植物新品种特异性、一致性、稳定性测试指南 益智	中国医学科学院药用植物研究所海南分所
29	KJZXCSZC202429	植物新品种特异性、一致性、稳定性测试指南 苍术	中国医学科学院药用植物研究所
30	KJZXCSZC202430	植物新品种特异性、一致性、稳定性测试指南 海南龙血树	中国医学科学院药用植物研究所海南分所
31	KJZXCSZC202431	植物新品种特异性、一致性、稳定性测试指南 银缕梅属	浙江省林业科学研究院
32	KJZXCSZC202432	植物新品种特异性、一致性、稳定性测试指南 安息香属	南京林业大学
33	KJZXCSZC202433	植物新品种特异性、一致性、稳定性测试指南 油橄榄	中国林科院亚热带林业研究所
34	KJZXCSZC202434	植物新品种特异性、一致性、稳定性测试指南 风箱果属	中国林业科学研究院林业研究所
35	KJZXCSZC202435	植物新品种特异性、一致性、稳定性测试指南 南天竹属	云南省花卉技术培训推广中心
36	KJZXCSZC202436	植物新品种特异性、一致性、稳定性测试指南 大岩桐属	成都农业科技职业学院

参与国际标准制定，组织翻译10项国际测试指南。2024年牵头编制枸杞属、木兰属、银杏国际测试指南并形成终稿，计划2025年提交UPOV相应技术工作组审议；组织翻译7项UPOV测试指南和3项日本测试指南（表4）。

表4　2024年组织翻译UPOV或成员国测试指南清单

序号	中文名	学名	来源	编号
1	大丽花	*Dahlia pinnata* Cav.	UPOV	TG226
2	鳄梨	*Persea americana* Mill.	UPOV	TG097
3	矾根	*Heuchera micrantha*	UPOV	TG280
4	鼠尾草属	*Salvia*	UPOV	TG316
5	马齿苋	*Portulaca oleracea* L.	UPOV	TG242
6	舞春花属	*Calibrachoa* Cerv.	UPOV	TG207
7	澳洲坚果	*Macadamia integrifolia* Maiden & Betche	UPOV	TG111
8	黄精	*Polygonatum* Mill	日本	/
9	夏蜡梅属	*Calycanthus*	日本	/
10	牛至属	*Origanum*	日本	/

完善林草植物新品种复审制度

完善林草植物新品种复审制度，起草《国家林业和草原局复审委员会审理规定》（草案）、《林草植物新品种复审申请指南》（草案）。

执法保护

推进植物新品种保护条例修订

1997年，我国颁布实施《中华人民共和国植物新品种保护条例》(以下简称《条例》)，建立了植物新品种保护制度。2015年，《中华人民共和国种子法》(以下简称《种子法》)增设"植物新品种保护"专章，对植物新品种的授权条件、授权原则、品种命名、保护范围及例外、强制性许可等作出原则性规定，健全了植物新品种法律制度。2022年，新修改《种子法》实施，扩大了植物新品种权的保护范围，扩展了保护环节，建立了实质性派生品种制度，健全了侵权损害赔偿制度，将我国植物新品种保护水平提升到新的高度。

近两年，为贯彻实施《种子法》和种业振兴行动部署，加大品种权保护力度，激励育种原始创新，国家林业和草原局积极参与推动《条例》修订，与农业农村部、国家知识产权局联合成立修订工作组，依据新修改的《种子法》开展《条例》研究修订工作。经过广泛调研和充分论证，形成了《〈条例〉修订草案》。该修订草案先后征求了最高人民法院、最高人民检察院、国务院有关部门及省级农业农村、林草部门和社会各界意见后，形成修订草案送审稿。

积极推动实质性派生品种制度实施

加快推动实质性派生品种制度实施，做好制度实施相关准备工作。开展国外相关实质派生品种制度研究，形成林草实施方案建议。完成制定枸杞、桂花、芦竹、樱桃4个品种实质性派生品种鉴定方法草案，为下一步实施实质派生品种制度奠定技术基础。

健全林草知识产权协同保护格局

强化行政执法与司法保护衔接和跨部门、跨区域执法合作。配合各级法院提供品种权侵权案件材料，与四川、贵州等地知识产权法院、知识产权保护中心交流合作，开展案例分析和经验共享，推动林草植物新品种保护制度创新。指导河南、广东等林草主管部门对品种权侵权案件进行执法。

依法管理涉及国家安全的林草领域知识产权对外转让行为。完善向外国人转让植物新品种申请权、品种权办事指南，严格管理知识产权对外转让审查工作。

林草植物新品种保护典型案例

2024年最高人民法院公布的林草相关的侵害植物新品种权纠纷判决书共1个,截至2024年年底共计12个(表5)。

表5　最高人民法院公布的林草相关的侵害植物新品种权纠纷判决书

序号	判决书名称	案号	判决日期	涉案新品种
1	李某娃、新疆某协会等侵害植物新品种权纠纷民事二审民事判决书	(2023)最高法知民终1782号	20240812	'蟠枣'(品种权号:20190436)
2	谭某、师某等侵害植物新品种权纠纷民事二审民事判决书	(2023)最高法知民终1096号	20231121	'蟠枣'(品种权号:20190436)
3	高州市浪升种植专业合作社、广州棕科园艺开发有限公司侵害植物新品种权纠纷民事二审民事判决书	(2022)最高法知民终1209号	20221115	'夏梦小旋'(品种权号:20140149)
4	高州市浪升种植专业合作社、广州棕科园艺开发有限公司侵害植物新品种权纠纷民事二审民事判决书	(2022)最高法知民终1210号	20221115	'夏日七心'(品种权号:20130103)
5	高州市浪升种植专业合作社、广州棕科园艺开发有限公司侵害植物新品种权纠纷民事二审民事判决书	(2022)最高法知民终1211号	20221115	'夏咏国色'(品种权号:20130105)
6	高州市浪升种植专业合作社、广州棕科园艺开发有限公司侵害植物新品种权纠纷民事二审民事判决书	(2022)最高法知民终1208号	20221104	'夏梦衍平'(品种权号:20130110)
7	河北省高速公路京秦管理处、河北法润林业科技有限责任公司侵害植物新品种权纠纷再审民事判决书	(2018)最高法民再290号	20181229	'美人榆'(品种权号:20060008)
8	河北省高速公路衡大管理处、河北法润林业科技有限责任公司侵害植物新品种权纠纷再审民事判决书	(2018)最高法民再247号	20181228	'美人榆'(品种权号:20060008)
9	河北省高速公路青银管理处、河北法润林业科技有限责任公司侵害植物新品种权纠纷再审民事判决书	(2018)最高法民再374号	20181227	'美人榆'(品种权号:20060008)
10	河北省高速公路石安管理处、河北法润林业科技有限责任公司侵害植物新品种权纠纷再审民事判决书	(2018)最高法民再376号	20181227	'美人榆'(品种权号:20060008)
11	河北省高速公路沿海管理处、河北法润林业科技有限责任公司侵害植物新品种权纠纷再审民事判决书	(2018)最高法民再375号	20181201	'美人榆'(品种权号:20060008)
12	河北省高速公路张承张家口管理处、河北法润林业科技有限责任公司侵害植物新品种权纠纷再审民事判决书	(2018)最高法民再377号	20181201	'美人榆'(品种权号:20060008)

2024年8月12日,最高人民法院公布了《李某娃、新疆某协会等侵害植物新品种权纠纷民事二审民事判决书》[案号:(2023)最高法知民终1782号],针对涉及'蟠枣'植物新品种权的知识产权争议作出了终审判决,作为原告的新疆某协会、师某贤赢得了这起侵犯知识产权案,侵权方被判

赔36万余元。

本案主要案由：2019年12月31日，'蟠枣'植物新品种权证书颁发，品种权人为新疆某协会和师某贤，品种权期限为20年。2021年，新疆某协会与师某贤发现，李某娃通过朋友圈以及短视频平台宣传推广'蟠枣'苗木及接穗等繁殖材料，并设展销售'蟠枣'接穗，此举严重侵犯了品种权人的合法权益。因李某娃在宣传中称2021年已在新疆推广'蟠枣'面积达1000亩[①]，故新疆某协会、师某贤向法院提起诉讼，要求李某娃支付品牌使用费10万元、赔偿侵权经济损失20万元、律师费6万元以及其他费用2378元。

判决依据及结果：最高人民法院依照《中华人民共和国种子法》(2015年修订)第二十八条，《最高人民法院关于审理侵害植物新品种权纠纷案件具体应用法律问题的若干规定》第六条第二款、第三款，《最高人民法院关于审理侵害植物新品种权纠纷案件具体应用法律问题的若干规定(二)》第六条，《中华人民共和国民事诉讼法》第一百七十七条第一款第二项之规定，作出判决："李某娃于本判决生效之日起15日内赔偿新疆某协会、师某贤经济损失及合理开支共计362378元"。

注：①1亩≈667m^2，以下同。

转化运用

开展林草知识产权转化运用项目

2011年以来，国家林业和草原局科技发展中心（植物新品种保护办公室）围绕林草重点产业发展对新技术的需求，优选林草专利技术和授权植物新品种成果，开展林草知识产权转化运用项目，2024年组织实施了8项（表6），截至2024年年底共计125项。

表6　2024年林草知识产权转化运用项目

序号	合同编号	项目名称	承担单位
1	KJZXXP202406	红花玉兰新品种转化运用	北京林业大学
2	KJZXXP202407	板栗新品种转化运用	河北农林科学院昌黎果树研究所
3	KJZXXP202408	'四季春1号'紫荆新品种转化运用	河南省林业科学研究院
4	KJZXXP202409	超级芦竹新品种转化运用	湖北省林业局林木种苗管理总站
5	KJZXXP202410	米槐新品种转化应用	运城市盐湖区鑫中晟槐米种植专业合作社
6	KJZXXP202412	'一种大熊猫精子的冷冻保存方法'转化运用	中国大熊猫保护研究中心
7	KJZXXP202413	'宣红'核桃新品种转化运用	云南省林业和草原科学院
8	KJZXXP202414	'德油2号'油茶新品种转化运用	中南林业科技大学

2023年组织实施的8项林草知识产权转化运用项目已于2024年年底全部顺利完成，取得显著成效。

重瓣紫薇植物新品种'云裳'转化运用。 通过系统地研究砧木和接穗的选择、嫁接的最佳季节以及适宜的嫁接方法，项目开发了植物新品种'云裳'的嫁接繁殖技术，嫁接成功率达到90%，技术水平处于国内外领先地位。在广西壮族自治区林业科学研究院、南宁市南国紫薇园、南宁市宾阳县古辣镇、广西高峰森林公园4个示范点，共繁育了7200株'云裳'苗木，产值63.45万元，且具有很好的观赏效果，为园林绿化注入新元素并增加生态多样性，同时起到了示范带动作用，新增了就业机会，产生了积极的社会效益。

金银花植物新品种'丰蕾'转化运用。 在湖南省常德市桃源县木塘垸镇集民村种植示范金银花植物新品种'丰蕾'，面积20亩，苗木保存率95.2%，全年平均干花产量60.6 kg/亩，产值19.2万元。在湖南省林业科学院试验基地示范'丰蕾'扦插育苗技术，共繁育苗木2.4万株，扦插苗成活率96.5%，产值21.8万元。金银花集药用价值和观赏价值于一体，项目的实施促进了金银花新品种及繁育技术在苗木繁育生产中的应用，有利于提高金银花的产量和品质，提高农民收入，加快农村经济发展，实现兴花富民。

白榆植物新品种'冀榆3号'转化运用。在石家庄市鹿泉区渔挽歌农业发展部院内建立'冀榆3号'示范林50亩，造林成活率高达96%，显著提升了每亩地的经济效益，平均每亩增收达385元。项目不仅促进了当地林农和育苗企业的收入增长，为相关从业人员提供'冀榆3号'嫁接技术指导和培训服务，还为河北生态建设提供了优质的榆树种质资源，丰富了本地乡土树种的多样性，取得了显著的经济、社会和生态效益，在区域内树立了良好的示范效应。

'余霞散绮'等5个牡丹植物新品种转化运用。2023年在北京国家植物园（南园）和洛阳农林科学院设立了2个牡丹新品种中试示范点，对牡丹新品种'余霞散绮''靓妆''梦幻''陇原风采''甘林黄''玫香红'进行中试试验。鉴于中试生长表现，2024年扩展了推广范围，涉及北京、山东、江苏、新疆、陕西、青海、甘肃7个省（自治区、直辖市）的15家高校、科研院所及企业。通过远缘杂交新品种的推广，形成了以新品种带动牡丹观赏品质提升的良好态势，推动了农业增效、农民增收，助力乡村振兴。

皂荚新品种'豫皂1号'在黄河中下游区域转化运用。项目在博爱县金城乡南张茹村和方城县袁店回族自治乡四里营村，建立皂荚新品种'豫皂1号'示范基地，示范林面积共计50亩，在河南、河北、山东等省推广栽植新品种苗木，辐射带动面积300亩，在带动周边群众脱贫致富、助推乡村振兴方面起到了积极作用。依托项目研究成果，获得授权国家发明专利"一种皂荚刺劈切装置"，制定河南省地方标准《皂荚良种采穗圃营建技术规程》，签订科技成果使用合作协议1份。

核桃植物新品种'楚林保魁'转化应用。在保康县后坪镇兴隆坡村、保康县马桥镇唐二河村、南漳县板桥镇灵观垭村、郧西县上津镇孙家湾村新建'楚林保魁'试验示范林20亩，苗木造林成活率平均为94.5%，在保康县后坪镇兴隆坡村营建'楚林保魁'区域试验林30亩，高接成活率99.1%。55亩核桃林每年经济效益约16.5万元，30年收益期内累计收益可达495万元，经济效益明显。项目获授权发明1项，编制《核桃高效栽培技术手册》1份，为新品种推广利用提供了优质苗木和技术保障，为核桃产业持续健康发展提供新的种质材料，有利于林农增收致富。

"松脂分泌诱导组合物、松树疏伐药物以及松树疏伐方法"专利转化运用。在广东江门、汕尾、阳江3地建立了湿地松等松树的高效促脂技术示范区，面积达到830亩，在施用诱导剂后，单次采割的松脂产量平均提高了50%以上，同时每亩可节约人力成本500元，3个地点每年合计节约成本达41.5万元。通过推广应用，不仅实现了松脂产量的显著提升，还对促进松树林自然疏伐和大径材林分的培育产生了积极影响。为保证技术的有效推广，编写《松脂分泌诱导剂施用技术手册》并进行印发。通过新品种推广和技术培训，带动了地方林业产业的发展，特别是为林区农民提供了更多的增收渠道。

"一种提高大花红景天成苗率的育种方法"专利转化运用。在四川省红原县建立红景天育苗示范基地5亩，通过温室大棚培育红景天种苗3万余株，在四川省色达县、理塘县进行种苗推广应用，累计种植面积达到10亩。通过深入研究红景天的人工繁育及栽培生产技术，并开展相关培训活动，为保护濒危资源红景天提供了坚实的育苗基础和技术支持。项目带动当地农牧户及企业积极参与到红景天等药用植物生产中来，积累了特色产业发展的技术储备，推动了中药农业的创新，助力高原地区农牧业产业供给侧结构性改革的发展进程。

首次办理林草植物新品种权质押融资

2024年，林草行业首次植物新品种权质押在国家林业和草原局科技发展中心（植物新品种保护办公室）办理了质押备案手续。此次植物新品种权质押，由云南锦科花卉工程研究中心有限公司作为出质人、华夏银行股份有限公司昆明金江支行作为质权人，双方就出质人拥有的蔷薇属多项林草植物新品种权进行质押，共同授权北京中谨诚知识产权运营有限公司在国家林业和草原局植物新品种保护办公室办理了质押备案手续，质押总金额高达690万元整。

首笔植物新品种权质押的举措具有里程碑式意义。通过植物新品种权质押，企业能够获得资金支持，进一步推动技术研发和产业升级。企业手中的林草植物新品种权不再仅是一种荣誉或技术成果，更是可以转化为实际价值的资产。这一行动背后，是政府长期以来对质押融资相关政策的积极探索与完善，更是政策引导与企业创新实践相结合的生动案例，旨在为科技创新企业提供更广阔的发展空间。

106个林草植物新品种参加美国园艺花卉展

2024年优良植物新品种国家创新联盟带领国内26家企事业单位的106个自育植物新品种，参加了在美国俄亥俄州哥伦布市举办的2024年园艺花卉展。通过参展和交流合作，带领我国优秀育种企业和优良植物新品种走向国际市场。

两项林草专利荣获第二十五届中国专利奖优秀奖

中国专利奖是中国唯一的专门对授予专利权的发明创造给予奖励的政府部门奖，已被联合国世界知识产权组织（WIPO）认可，在国际上具有一定的影响，目前已成为推进中国知识产权事业发展的重要平台，对引领创新驱动发展、推动知识产权强国建设发挥了积极作用。2024年，2项林草专利荣获第二十五届中国专利奖优秀奖（表7），其中"一种大熊猫精子的冷冻保存方法"由国家林业和草原局推荐。

表7　第二十五届中国专利奖优秀奖——林草项目

序号	专利号	专利名称	专利权人	发明人
1	ZL201811422256.6	一种无醛大豆蛋白基胶黏剂及其制备方法	北京林业大学	高强、陈明松、徐超杰、李建章、杨芳、陈惠、龚珊珊
2	ZL201610288665.6	一种大熊猫精子的冷冻保存方法	中国大熊猫保护研究中心	黄炎、周应敏、李德生、张和民、王鹏彦、张明春

"一种无醛大豆蛋白基胶黏剂及其制备方法"（ZL201811422256.6）。该发明公开了一种无醛大豆蛋白基胶黏剂及其制备方法，其中，胶黏剂包括豆粕粉、菠萝蛋白酶、豆壳多糖酶、分散介质水、高碘酸钠、二乙烯三胺、戊二醛二缩水甘油醚以及固化剂。采用该发明的制备方法得到的无醛大豆蛋白基胶黏剂的豆粕分子先降解后修饰和重组成为预聚体，使蛋白充分舒展、分子活性基团明

显增加，反应活性提高，溶解性与保水性提高，韧性增加，加入弹性体基固化剂后制备胶黏剂韧性高、耐水胶接性能高、稳定性高，能够满足人造板胶黏剂的耐水要求，降低了胶黏剂用量及胶黏剂成本，保证了蛋白胶黏剂的实用性能。

"一种大熊猫精子的冷冻保存方法"（ZL201610288665.6）。该发明提供了一种大熊猫精子的冷冻保存方法，包括以下步骤：收集大熊猫精液；将所述精液放入冻精管中，并将所述冻精管放入程控冷冻仪的腔体，所述腔体的腔体内温度为15～24℃；对放置有所述冻精管的所述腔体的腔体内温度进行梯度降温，所述梯度降温包括第一降温阶段和第二降温阶段；将经过所述梯度降温的所述冻精管放入液氮进行保存。这种方法采用程序梯度降温，操作简单，同时，能够提高大熊猫精液的精子活力和冷冻恢复率，提高冻存精子的质量。

林草知识产权转化应用优秀案例

在2024年全国知识产权宣传周期间，为进一步提升国民知识产权保护意识，推动林草科学创新和可持续发展，推出4个林草知识产权转化应用优秀案例，讲述育种人十年如一日扎根基层、潜心科研的故事。

"甜柿爸爸"带来的甜蜜烦恼。柿在我国种植面积和产量都居世界第一位，但我国柿的每亩平均产出不到发达国家的一半。为提高效益，我国于20世纪80年代开始从日本引进甜柿品种。一些优良的甜柿品种，对嫁接砧木要求严格，而生产中亲和性砧木品种缺乏，砧木应用混乱，导致高品质的优良甜柿品种发展缓慢。中国林业科学研究院亚热带林业研究所研究员龚榜初作为国内首屈一指的甜柿育种专家，与团队率先在国内开展柿砧木育种。经过20余年试验研究，团队从50多个类型中筛选出'亚林柿砧6号'等4个甜柿广亲和性砧木新品种。龚榜初带领团队打通产业链与科研链，在中心结合环节上创新设计，将甜柿亲和性砧木良种选育、示范推广、适宜栽培区筛选等科研目标统一一体化组织实施。在快速选育一批甜柿亲和性砧木新品种的同时，为满足各地发展高品质甜柿的迫切需求，在浙江、江西、福建、广西、云南、山西、江苏等地，利用'亚林柿砧6号'嫁接'太秋'甜柿，建立新品种示范林4500余亩。在区试的同时，'亚林柿砧6号'于2021年通过浙江省林木良种审定，成为我国第一个通过审定的柿砧木品种，从而使柿砧木从随意、盲目应用进入砧木品种化时代。2023年，'亚林柿砧6号'获得了浙江省知识产权奖二等奖。目前，'太秋'及其高效栽培技术体系已在南方20个省（自治区、直辖市）进行了推广示范。应用'亚林柿砧6号'等作砧木，嫁接繁殖'太秋'甜柿良种苗木，柿园里售价每千克40～70元，第5年亩产值约1万元，7～9年盛果期亩产约2000kg，亩收入高达2万～5万元，甚至8万～10万元，成功打造出甜柿"一亩山万元钱"高效栽培模式，让"甜柿扬名，甜蜜致富传千里"。龚榜初被林农亲切称为"甜柿爸爸"。

一直在路上的"板栗专家"。作为板栗团队带头人，河北省农林科学院研究员王广鹏每年行程2逾万km，深入田间山村，积极帮助生产一线解决技术难题，帮助果农增收致富，被果农们亲切地称为"板栗专家"。板栗是河北省燕山－太行山连片贫困区农民脱贫致富的支柱产业，但长久以来缺乏抗旱、省工的优质高产新品种。针对这一产业发展刚性需求，河北省农林科学院板栗团队开展科技攻关，20年间连续攻克了优异亲本不清、杂交组合选配质量差、杂交苗结果晚、苗期选择难等技术难题，成功筛选潜力品系70余个，最终从中育成杂交良种2个，植物新品种授权品种11个。目前，以'燕山硕丰'为代表的燕字系列在中国北方板栗栽培区是新发展品种当中果农应用率最高的板栗品种(系)，年应用推广面积在2万亩以上，年产值可超8000万元。为促进这一科技成果转化应用，实现惠农富农，板栗团队首先在燕山板栗主产区——河北省承德市宽城满族自治县艾峪口村建立中试基地。经多年"良种+良法"模式的试验示范，果园普遍提质、增产、增收，全村较新品种输入前每亩平均增收30%～40%，年总增收200万元以上。艾峪口村因板栗产业兴起而树立起"京东板栗第一村"标志。2023年，艾峪口村新建成了一所板栗购销中心，周边村种植的板栗以艾峪口村的购销中心为市场，再销往全国各地，中心年销售板栗7000t，产值超1.4亿元。板栗新品种的大规模应用富了一方栗乡人，整体推动了河北山区乡村振兴的步伐。

"向阳"生长的杜仲三倍体。 杜仲是我国特有的多用途经济树种，其叶脉和树皮可供提胶制药，叶肉可供生产"替抗"饲料添加剂，茎杆可供制作刨花板、重组木或作为食用菌基料等，能实现"当年栽培，当年见效"以及"一份原料，多重收益"，开发潜力巨大。然而，杜仲叶片次生代谢产物含量低限制了杜仲产业的发展。同时，因杜仲为单科、单属、单种存在，无法利用种间杂交获得的杂种优势。因此，利用多倍体巨大性以及代谢产物增加等特性，通过染色体加倍创制三倍体，成为大幅度提高杜仲叶片胶、药含量最具希望的途径。近年来，由北京林业大学康向阳教授研究团队培育的'京仲1号'等8个杜仲新品种，获得国家植物新品种保护权证书。新品种具有生长快、叶片巨大，且胶、药成分含量高等优良特性，可保证同样的土地和管理投入获得更多的原料和更高的经济效益。目前，杜仲三倍体新品种已被列入杜仲资源高值化利用产业技术创新联盟重点推广品种，更多的企业开始探索基于三倍体新品种开展杜仲全产业链开发，在构建优势特色新兴产业、助力农民增收以及乡村振兴等方面显示了巨大的产业化空间和深度开发潜力。2023年12月27日，康向阳团队将'京仲1号'等8个京仲系列三倍体新品种在杜仲南部栽培区的品种权，转让给广西八桂种苗高科技集团股份有限公司，转让费总计8000万元。具专业优势的企业及其资本加入杜仲新品种繁育和开发，必将为杜仲新质生产力培育提供强劲的动力。

"花痴"杨玉勇的芬芳事业。 云南昆明杨月季园艺有限责任公司董事长杨玉勇是痴情于花的东北汉子，是改革开放后的第一届大学生。1998年，为把鲜切花产业做大，他选择来鲜花大省云南发展。杨玉勇带人跋山涉水深入绣球属植物原始生境，走遍全国各地进行采集，构建了目前国内绣球属植物活体保存最大的资源圃之一。从育种目标设定、杂交组合选取，再到田间管理和采收，20余年绣球育种研发从未间断。2015年12月，公司'青山绿水''花团锦簇'等9个绣球花新品种率先获得了国内的知识产权认定，填补了国内绣球属植物新品种空白。在绣球新品种推广上，公司实现了国内和国外市场两条腿走路。在国内，公司授权农户和部分企业种植，低价收取一定费用。对授权的下游公司，生产面积涵盖四川、重庆、贵州、上海、江苏、浙江、河南等省(自治区、直辖市)。目前，公司已获欧盟新品种权4个，扭转一直以来我们给国外育种商交品种权费的局面。公司在云南省保守估计有6000余亩的绣球推广成效，按一亩8万元保守估计，产业大约可增收4.8亿元。绣球成为杨月季公司目前在花卉育种和产业化推广中最为成功的花卉品类之一。

国际合作

○ 参加国际植物新品种保护联盟（UPOV）系列会议

2024年10月21日至25日，2024年度国际植物新品种保护联盟（UPOV）系列会议在瑞士日内瓦UPOV总部召开，国家知识产权局、农业农村部和国家林业和草原局组成的中国政府代表团参加会议。本年度UPOV系列会议主要包括理事会第58届会议（C/58）、顾问委员会第102届会议（CC/102）、行政法律委员会第81届会议（CAJ/81）、技术委员会第60届会议（TC/60）等。来自UPOV的53个成员，菲律宾、泰国、哈萨克斯坦等5个观察员，以及国际园艺生产者协会（AIPH）、国际无性繁殖园艺植物育种者协会（CIOPORA）、国际种子联合会（ISF）等9个国际组织的代表参加了会议。国家林业和草原局科技发展中心积极助力UPOV推进PLUTO数据库使用中文数据，并定期向UPOV提交我国申请授权数据、保护名录清单和详细授权信息等，与UPOV讨论林草加入PRISMA（植物新品种在线申请工具）工作。

○ 参加东亚植物新品种保护论坛（EAPVPF）

2024年8月27日，第17届东亚植物新品种保护论坛（简称东亚论坛，EAPVPF）年度会议在柬埔寨金边召开，国家林业和草原局科技发展中心派员参加会议，中方代表团就"中国植物新品种保护进展"作报告。来自中国、日本、韩国、东盟10国、国际植物新品种保护联盟（UPOV）、欧盟植物新品种保护办公室（CPVO）等国家和机构的代表参加了会议。

○ 促进中欧植物新品种保护交流合作

根据中欧植物新品种保护合作工作计划，在中欧知识产权合作项目（IPKey项目）支持下，于2024年7月组织林草专家前往欧洲开展植物新品种保护立法工作的考察访问，与CPVO、欧盟委员会、UPOV秘书处进行了深入交流，深入了解欧盟种子法及植物新品种保护情况。中方代表也分享了中国植物新品种保护立法及DUS（特异性、一致性和稳定性）测试情况。

○ 中国加入国际植物新品种保护联盟（UPOV）25周年

2024年4月23日是中国加入国际植物新品种保护联盟（UPOV）25周年纪念日。UPOV副秘书长尤兰达·赫尔塔发来视频致辞，向中国表示诚挚的祝贺。尤兰达·赫尔塔表示，2017年以来，中国的植物新品种申请量一直居于首位。2020年以来，中国的植物新品种授权量始终排名第一。从2022年开始，中国已成为非居民申请数量最多的国家。在UPOV成员提交的27000多份植物新品种申请中，近一半是在中国提交的。尤兰达·赫尔塔说："我要赞扬中国在植物新品种保护方面取得的进步，中国为一些重要作物和物种制定了测试指南，并主办了8个技术工作组会议。特别是中国在审查植物新品种方面取得的显著进展和立法的更新，使农民、种植者和整个社会能够获得这些品种。中国为UPOV作出了重要贡献，中国加入UPOV将使世界各国受益。我愿与中国共同努力，引领UPOV走向未来。"

2024年4月国际植物新品种保护联盟（UPOV）副秘书长尤兰达·赫尔塔女士来华访问。访问期间，尤兰达·赫尔塔女士与国家林业和草原局领导进行了会面，并开展了一系列具有林草特色的访问和考察，包括参加成都世园会开幕式，参观成都植物园、昆明测试站、花卉种植推广企业、花拍交易中心等。这些行程不仅展示了我国在林草植物新品种保护方面取得的重要成果，也使赫尔塔女士对我国林草植物新品种的保护成效和重要意义有了全面而深入的认识。此后，赫尔塔女士专程致信感谢，并在多个场合表达了对中国林草植物新品种保护工作的肯定和赞赏。

UPOV成立于1961年，旨在提供和促进有效的植物品种保护制度，鼓励开发植物新品种，造福社会。中国于1999年4月23日成为UPOV成员。目前，该组织已有79个成员。

开展国际林业知识产权发展动态跟踪研究与履约研究

国家林业和草原局知识产权研究中心跟踪世界各国林草知识产权动态，重点开展国内外植物新品种保护、林业生物遗传资源获取与惠益分享的现状和发展趋势研究，为国际履约和谈判提供支撑。2024年，开展了越南、菲律宾、柬埔寨、老挝、文莱5个国家的植物新品种保护制度国别研究。

越南植物新品种保护制度概况。越南于2006年成为国际植物新品种保护联盟（UPOV）成员，执行UPOV1991年文本。越南的植物新品种保护被纳入其综合性的《知识产权法》中，该法于2005年首次颁布，并在2009年、2019年及2022年进行了修订。随着《知识产权法》（2022年修订版）出台，越南的植物新品种保护发生了重大变化，通过制定明确的保护资格标准、简化申请流程以及强调加强执法措施，修订后的法律为保障农业领域的创新提供了一个更为坚实的法律框架。这一框架可使育种者、研究人员和组织能够为其新的植物品种获得保护，从而鼓励进一步的研究和发展。尽管在资源配置、公众意识以及平衡执法与贸易等方面仍存在挑战，但越南致力于建立一个强有力的植物新品种保护系统是显而易见的。

菲律宾植物新品种保护制度概况。《菲律宾植物新品种保护法》（2002）是菲律宾植物新品种保护制度的法律基础。菲律宾植物新品种保护办公室是依据该法设立的，隶属于菲律宾农业部植物产业局。菲律宾植物新品种保护工作3年（2024—2027年）目标包括：协调菲律宾作物品种注册登记和植物新品种保护制度和程序；提高对植物新品种保护重要性的认识；加强国际合作，提高审查员和工作人员的能力。面临的主要挑战包括：在进行生长试验和田间试验过程中采用的方法不同；植物新品种办公室从人工系统过渡到数字化系统；部分农民对植物新品种保护的重要性、程序、益处等方面认识不足；菲律宾尚未加入国际植物新品种保护联盟（UPOV），因此，国际合作相对较少；尚无经过认证的DUS测试中心。

柬埔寨植物新品种保护制度概况。柬埔寨2008年批准通过的《种子管理和植物育种者权利法》旨在管理和控制种子繁殖、发放使用、生产、加工、登记、分销、进口和出口，并保护植物新品种。柬埔寨工业与科技创新部、农林渔业部2个部门互相配合，开展植物新品种的授权和保护工作。柬埔寨工业与科技创新部的主要任务分工包括：授予保护；变更权利所有者；宣布无效和撤销；接收申请并更改或取消品种命名；颁发强制许可证；记录许可合同。柬埔寨农林渔业部的主要任务分工包括：确定品种描述或种质基本资料；确定植物新品种的田间试验数据；进行DUS测试和农艺使用价值测试（VCU）；组织全国品种发行委员会（NVRC）会议；发布官方批准函，提供技术测试结果。柬埔寨目前尚未加入国际植物新品种保护联盟（UPOV）。

老挝植物新品种保护制度概况。老挝科技部负责全国范围内知识产权事务，包括专利、工业品外观设计、商标、商业秘密、地理标志、集成电路布图设计、植物新品种、著作权及相关权利。2015年，老挝科技部知识产权司下设植物新品种处，负责植物新品种保护的管理工作。老挝植物新品种保护相关法律法规主要包括：①2017年修订的《知识产权法》（第38/NA号），共170条，法律第4部分为植物新品种保护；②《植物新品种保护部长级决定》详细规定了植物新品种的保护、研究、繁殖、认证、注册、生产和经营等方面的原则、规则和措施，旨在管理和提高作物生产效率，促进粮食安全、商业化生产和国际合作。老挝目前尚未加入国际植物新品种保护联盟（UPOV），但是已经计划修订《知识产权法》和《植物新品种保护部长级决定》，使其符合《国际植物新品种保护公约》的规定。

文莱植物新品种保护制度概况。文莱首相府的能源与工业部（EIDPMO）下设文莱知识产权局（BURIPO），负责知识产权的管理和注册，包括专利、商标、工业设计和植物新品种保护。文莱的植物新品种保护基于《2015年植物新品种保护令》《2016年植物新品种保护规则》和《2016年植物新品种保护（修正）令》。文莱目前尚未加入国际植物新品种保护联盟（UPOV）。文莱植物新品种申请制度基于"先申请原则"，即第一个提交申请的人将对该植物品种享有优先权。文莱知识产权局只进行形式审查，而实质性审查工作则外包给外国审查机构。文莱植物新品种保护面临的挑战是：①育种者及相关利益相关方对保护和利用知识产权重要性的认识不足；②国内缺乏进行DUS测试所需的专业技术和基础设施；③公共部门与私营部门之间的合作尚待加强，难以有效推动更多的育种活动和技术革新。

宣传培训

开展2024年全国林业和草原知识产权宣传周活动

2024年4月26日是第24个世界知识产权日。2024年4月20~26日是全国知识产权宣传周，主题为"知识产权转化运用促进高质量发展"。根据国家知识产权局《关于开展2024年全国知识产权宣传周活动的通知》精神，国家林业和草原局科技发展中心组织开展了2024年全国林草知识产权宣传周系列活动，一是在《中国绿色时报》推出"优良植物新品种转化应用的中国实践"特刊，展示4个林草知识产权转化应用优秀案例；二是发布《2023中国林业和草原知识产权年度报告》；三是在国家林业和草原局政府网发布"2024年全国林草知识产权宣传周"专题频道；四是推出发布《林业知识产权动态》专刊"全国林草知识产权宣传周专刊——国外植物新品种保护概况"。通过一系列宣传活动推动林草新品种保护的意识不断深入人心。

出版《2023中国林业和草原知识产权年度报告》

2024年4月，由国家林业和草原局科技发展中心、国家林业和草原局知识产权研究中心共同编著的《2023中国林业和草原知识产权年度报告》由中国林业出版社出版发行。中国林业和草原知识产权年度报告系列图书是反映我国林业和草原知识产权工作基本状况的资料性工具书，全面收录林业和草原知识产权相关政策法规、专项工作、转化运用、执法保护、宣传培训、能力建设、国际合作、各地动态、统计分析等内容。自2014年以来每年4月出版，反映的是前一年度我国林业和草原知识产权工作的情况。该书已经成为林草行政管理部门和企事业单位的干部、科研和教学人员参考的重要工具书，不仅促进了林业和草原知识产权的创造、运用、保护和管理，还见证和记录了林业和草原知识产权事业的发展历程，具有重要意义。

编印《林业知识产权动态》

为加强林草知识产权信息服务工作，跟踪国内外林草知识产权动态，为国际履约和谈判提供信息支撑，2024年编印《林业知识产权动态》6期，对国际植物新品种保护联盟（UPOV）、国际种子联盟（ISF）、国际无性繁殖园艺植物育种者协会（CIOPORA）、《粮食和农业植物遗传资源国际条约》（ITPGRFA）的最新动向进行了追踪，开展了越南、菲律宾、柬埔寨、老挝、文莱5个国家的植物新品种保护制度概况研究，针对美国白蛾防治、沙棘产业、美国林务局、德国联邦粮食和农业部开展了论文和专利的情报分析，为林草科技创新和知识产权战略提供参考。《林业知识产权动态》是国家林业和草原局知识产权研究中心承办的内部刊物，旨在跟踪国内外林业知识产权动态、政策、学术前沿和研究进展，通过组织专家进行信息采集、分析、翻译和编辑整理，对世界各国的林业知识产权现状及相关政策进行深入解读，提供林业知识产权信息服务。该刊为双月刊，每期20页，设有动态信息、政策探讨、研究综述、统计分析4个栏目。

举办林草新品种及知识产权保护与管理培训班

2024年6月5至7日，由国家林业和草原局科技发展中心主办，国家林业和草原局管理干部学院承办的"2024年林草知识产权及植物新品种保护管理培训班"在河北北戴河举办，来自各省（直辖市、自治区）林草主管部门、中国林科院以及各林草类高校等82人参加培训。培训班旨在深入学习贯彻党的二十大及二十届一中、二中全会精神，宣传贯彻新《种子法》，提高对植物新品种保护法律法规的认识，加深对林草知识产权与新品种保护政策的理解，用典型案例分析讨论植物新品种转化运用和行政执法的有效措施和办法，提升林草植物新品种及知识产权保护管理水平。2024年国家林业和草原局科技发展中心还组织139位林草学员参加UPOV远程培训中文课程，组织林草专家参加UPOV国际证书认定，2位专家获得证书；组织开展2期林草植物新品种审查测试技术培训班，累计培训审查测试人员及专家100人次。

加强林业和草原知识产权宣传与媒体报道

加强林业和草原知识产权宣传与媒体报道是提升社会公众对林草领域创新成果认识的重要手段，也是促进林草产业健康发展、激励科研人员积极投身相关研究的关键举措。通过多渠道、多形式的宣传报道，能够有效提升公众对林草知识产权价值的认知水平，促进林草领域的科技创新，营造良好的文化和创新环境。2024年，在《中国绿色时报》、国家林业和草原局政府网、新华社、《人民日报》等重要报纸、网站上发表有关林草知识产权的重点报道47篇（表8）。

表8 2024年主要媒体宣传报道林草知识产权

序号	标题	载体	报道日期
1	浙江新增4处省级林草种质资源库	国家林业和草原局政府网	20240118
2	北京市林草新品种数量超过600个	《科技日报》	20240118
3	我国栓皮栎全分布区种质资源收集工作完成	《中国绿色时报》	20240124
4	2023年中国林科院①转化林草新品种等科技成果525项	新华网	20240126
5	新疆实现巴旦木植物新品种授权"零"的突破	《新疆日报》	20240208
6	山西林草科学研究院白杨派山杨新品种"立阳"被授予植物新品种权	国家林业和草原局政府网	20240220
7	内蒙古自治区重要草种质资源收集取得阶段性成果	国家林业和草原局政府网	20240327
8	陕西"商洛核桃"获俄罗斯商标认证	《中国绿色时报》	20240327
9	中国林科院牵头承担的"林草类种质资源安全战略研究"课题启动	国家林业和草原局政府网	20240329
10	吉林林草种质资源普查与收集工作启动	《中国绿色时报》	20240401

（续）

序号	标题	载体	报道日期
11	青海初步建成青藏高原生物种质资源库	新华网	20240407
12	国家植物种质资源库年内开工建设	新华社	20240418
13	国家草产业知识产权大数据平台启动试运行	中国知识产权资讯网	20240422
14	2023年我国林草植物新品种授权量增长40%	《中国绿色时报》	20240423
15	中国林草植物新品种保护大事记	《中国绿色时报》	20240423
16	优良植物新品种转化应用的中国实践	《中国绿色时报》	20240423
17	UPOV副秘书长赞扬中国植物新品种保护	《中国绿色时报》	20240426
18	国家林草局[②]公布2024年第一批植物新品种权名单	《中国绿色时报》	20240430
19	我国优质牧草种质资源完成首次太空舱外暴露实验	新华社	20240507
20	陕西十条措施保护涉林知识产权	《中国绿色时报》	20240508
21	保护植物新品种权须多管齐下	《中国绿色时报》	20240510
22	国家林草植物新品种崖州测试分中心通过评估：具备开展叶子花属植物新品种测试能力	《海南日报》	20240518
23	云南"永善枇杷"国家地理标志品牌发布	《中国绿色时报》	20240524
24	山东菏泽两个芍药新品种获国际登录认证	国家林业和草原局政府网	20240527
25	青海一林业机械研发项目喜获4项国家专利授权	《中国绿色时报》	20240528
26	甘肃张掖完成85个野生乡土草种质资源种植	《中国绿色时报》	20240529
27	知识产权保护运用 促进"三北"工程攻坚战	《绿色中国》	20240612
28	黑龙江全面开启林草种质资源收集行动	《中国绿色时报》	20240704
29	广西林草种质资源保护利用成效显著	《中国绿色时报》	20240710
30	广西推进林草种质资源保护利用	《人民日报》	20240711
31	从"光皮树"到"摇钱树"，江西于都梾木油成为产油生金的"大产业"！	《中国知识产权报》	20240712
32	104个自育植物品种在美亮相，新优品种"出海"还有多远？这个联盟做了这些事	《中国花卉报》	20240731
33	加强林草种质资源保护利用 三地签署协作框架协议	《天津日报》	20240801
34	天津完成首次林草种质资源普查与收集工作	《人民日报》	20240812
35	北京林业大学教授潘会堂：创新紫薇育种 点亮夏日风彩	《中国花卉报》	20240905
36	甘肃酒泉实现野生林草种质资源数字化管理	国家林业草原局政府网	20240914
37	"枣乡"一农民侵犯枣新品种权，判赔36万	中国质量监管网	20240919
38	广西：国内首个紫薇属重瓣品种"云裳"获新品种授权	国家林业草原局政府网	20241012
39	首次植物新品种权质押办理质押备案手续	《中国绿色时报》	20241127
40	山东林草种质资源保护走在全国前列	《中国绿色时报》	20241129
41	湖北宜昌林草种质资源进入国家库	国家林业草原局政府网	20241202
42	广西建成第一个罗汉松种质资源库	《中国绿色时报》	20241211
43	湖南省林草种质资源保存体系基本形成 收集保存林木育种资源1万多份	国家林业草原局政府网	20241220
44	四川宜宾建成全国最大樟属芳香油植物种质资源异地保存库	国家林业草原局政府网	20241227
45	2024年各类草种产量超7万吨	《光明日报》	20241228
46	我国已鉴定评价林草种质资源约1万份	《人民日报》	20241230
47	国家林业和草原局公告（2024年第16号）（2024年第二批授予植物新品种权名单）	国家林业草原局政府网	20241230

注：①全称为"中国林业科学研究院"；②全称为"国家林业和草原局"。

统计分析

◯ 2024年林业和草原植物新品种权统计分析

植物新品种是指经过人工培育或者对发现的野生植物加以开发，具有新颖性、特异性、一致性和稳定性并适当命名的植物品种。1999年4月23日，中国正式加入国际植物新品种保护联盟（UPOV），成为其第39个成员，并开始接收国内外植物新品种权申请。

一、总量分析

2024年，国家林业和草原局植物新品种保护办公室共受理植物新品种权申请1338件，授予植物新品种权878件。截至2024年年底，国家林业和草原局已受理国内外植物新品种申请12080件，授予植物新品种权5848件。2016—2023年，林业和草原植物新品种的申请量和授权量均快速增长（表9，图1）。

表9　1999—2024年林业和草原植物新品种申请量和授权量统计　　单位：件

年度	申请量			授权量		
	国内申请人	国外申请人	合计	国内品种权人	国外品种权人	合计
1999	181	1	182	6	0	6
2000	7	4	11	18	5	23
2001	8	2	10	19	0	19
2002	13	4	17	1	0	1
2003	14	35	49	7	0	7
2004	17	19	36	16	0	16
2005	41	32	73	19	22	41
2006	22	29	51	8	0	8
2007	35	26	61	33	45	78
2008	57	20	77	35	5	40
2009	62	5	67	42	13	55
2010	85	4	89	26	0	26
2011	123	16	139	11	0	11
2012	196	26	222	169	0	169
2013	169	8	177	115	43	158
2014	243	11	254	150	19	169

（续）

年度	申请量			授权量		
	国内申请人	国外申请人	合计	国内品种权人	国外品种权人	合计
2015	208	65	273	164	12	176
2016	328	72	400	178	17	195
2017	516	107	623	153	7	160
2018	720	186	906	359	46	405
2019	656	146	802	351	88	439
2020	897	150	1047	332	109	441
2021	1225	217	1442	637	124	761
2022	1649	179	1828	501	150	651
2023	1671	235	1906	798	117	915
2024	1240	98	1338	734	144	878
合计	10383	1697	12080	4882	966	5848

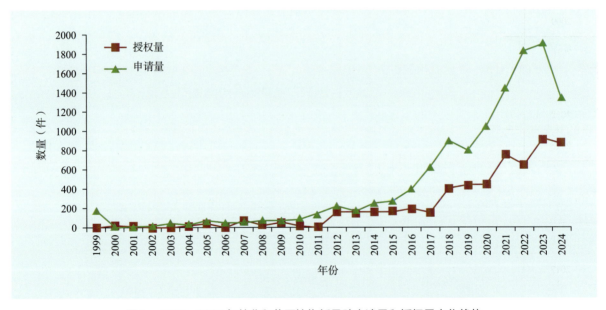

图1　1999—2024年林业和草原植物新品种申请量和授权量变化趋势

二、授权品种分析

1.植物类别分析

林业和草原授权植物新品种的植物类别以观赏植物为主，2024年，林业和草原授权植物新品种中，观赏植物686件，占年度授权总量的78.13%，其次是经济林156件（17.77%）、林木34件（3.88%）。截至2024年年底，在林业和草原授权植物新品种中观赏植物4043件，占总量的69.13%，其次是经济林896件（15.32%）、林木760件（13.00%）（表10，图2）。

表10　1999—2024年林业和草原授权植物新品种中不同植物类别的授权量统计　　单位：件

年份	林木	经济林	观赏植物	竹	木质藤本	其他	合计
1999	6	0	0	0	0	0	6
2000	3	0	20	0	0	0	23
2001	2	2	14	0	0	1	19
2002	0	1	0	0	0	0	1
2003	6	1	0	0	0	0	7
2004	6	4	5	0	0	1	16
2005	3	1	34	0	0	3	41
2006	5	0	3	0	0	0	8
2007	7	1	70	0	0	0	78
2008	10	6	19	1	0	4	40
2009	14	1	39	0	0	1	55
2010	10	6	10	0	0	0	26
2011	2	1	5	0	0	3	11
2012	27	20	113	0	2	7	169
2013	34	9	114	1	0	0	158
2014	25	13	120	1	0	10	169
2015	31	28	106	1	2	8	176
2016	44	40	104	2	3	2	195
2017	18	17	120	1	1	3	160
2018	62	99	238	2	3	1	405
2019	69	70	287	1	0	12	439
2020	90	75	258	1	0	17	441
2021	65	80	600	9	3	4	761
2022	68	62	498	0	7	16	651
2023	119	203	580	7	1	5	915
2024	34	156	686	1	0	1	878
合计	760	896	4043	28	22	99	5848

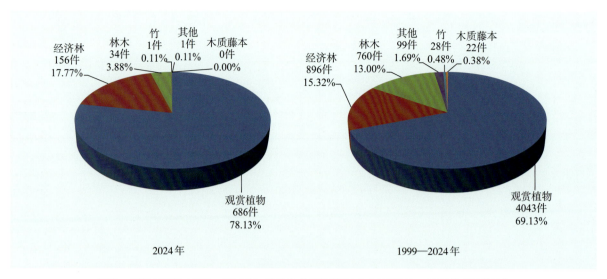

图2　2024年和1999—2024年林业和草原授权植物新品种的不同植物类别统计

2. 申请国家分析

2024年，国内申请人获得林业和草原植物新品种权734件，占年度授权总量的83.60%，授权品种以蔷薇属和山茶属为主；在国外申请人中，有9个国家的品种权人获得林业和草原植物新品种授权144件，占年度授权总量的16.40%，授权品种以蔷薇属为主。截至2024年年底，国内申请人获得林业和草原植物新品种权4882件，占授权总量的83.48%，授权品种以蔷薇属和山茶属为主；国外共有14个国家的品种权人在中国获得林业和草原植物新品种权966件，占授权总量的16.52%，授权品种以蔷薇属为主，其次是越桔属和绣球属，授权量最多的国家是荷兰，共357件，其次是法国（145件）、美国（126件）、德国（123件）、日本（64件）、英国（55件）、澳大利亚（39件）、丹麦（32件）（表11，图3）。

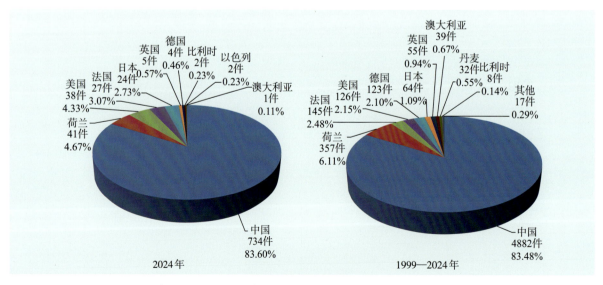

图3　2024年和1999—2024年林业和草原授权植物新品种中各国的授权量统计

截至2024年年底，从排名前10位的国家授权量的年度分布来看，中国的授权量自2012年起呈现快速增长趋势，荷兰、法国和英国近5年的授权量保持相对稳定且有所增长，而日本近3年的授权量也呈现上升态势（图4）。

表11　1999—2024年林业和草原授权植物新品种中各国的授权量统计　　　　单位：件

排名	国家	1999—2024年授权总量	2024年授权量	主要植物属（种）
1	中国	4882	734	蔷薇属、山茶属
2	荷兰	357	41	蔷薇属
3	法国	145	27	蔷薇属
4	美国	126	38	越桔属
4	德国	123	4	蔷薇属
6	日本	64	24	绣球属
7	英国	55	5	蔷薇属
8	澳大利亚	39	1	越桔属、蔷薇属、大戟属
9	丹麦	32	0	蔷薇属
10	比利时	8	2	杜鹃花属
11	西班牙	6	0	越桔属
12	以色列	5	2	舞春花属、鼠尾草属
13	意大利	4	0	蔷薇属
14	厄瓜多尔	1	0	蔷薇属
15	新西兰	1	0	蔷薇属
合计		5848	878	

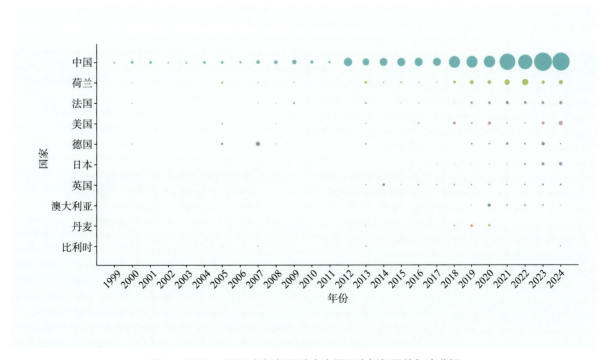

图4　1999—2024年授权品种中主要国家授权量的年度分析

3. 属（种）分析

2024年，林业和草原植物新品种授权量最多的是蔷薇属，其次是山茶属、越桔属、杜鹃花属、芍药属、李属。截至2024年年底，授权量最多的是蔷薇属1224件，占授权总量的20.93%，其次是山茶属277件（4.74%）、李属276件（4.72%）、杜鹃花属242件（4.14%）、芍药属240件（4.10%）（表12，图5）。

截至2024年年底，从授权品种中排名前10位属（种）授权量的年度分布来看，蔷薇属的授权量自2019年以来增长显著，山茶属、李属近2年的授权量较之前也有明显增长，而其他属种近年来的授权量相对稳定（图6）。

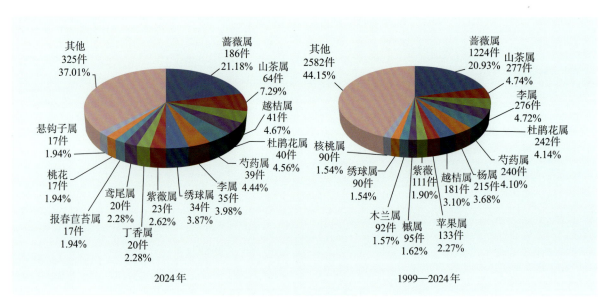

图5　2024年和1999—2024年林业和草原授权植物新品种的属（种）统计

表12　1999—2024年各国授权品种的属（种）授权量统计　　　　　　　　　　　　　单位：件

国家 属（种）	中国	荷兰	法国	美国	德国	日本	英国	澳大利亚	丹麦	比利时	西班牙	以色列	意大利	厄瓜多尔	新西兰	合计
蔷薇属	537	344	144	5	81	12	51	12	32	0	0	0	4	1	1	1224
山茶属	277	0	0	0	0	0	0	0	0	0	0	0	0	0	0	277
李属	276	0	0	0	0	0	0	0	0	0	0	0	0	0	0	276
杜鹃花属	230	0	0	0	4	0	0	0	8	0	0	0	0	0	0	242
芍药属	240	0	0	0	0	0	0	0	0	0	0	0	0	0	0	240
杨属	215	0	0	0	0	0	0	0	0	0	0	0	0	0	0	215
越桔属	120	0	0	42	0	0	0	14	0	0	5	0	0	0	0	181
苹果属	133	0	0	0	0	0	0	0	0	0	0	0	0	0	0	133
紫薇	111	0	0	0	0	0	0	0	0	0	0	0	0	0	0	111
槭属	91	0	0	0	4	0	0	0	0	0	0	0	0	0	0	95
木兰属	92	0	0	0	0	0	0	0	0	0	0	0	0	0	0	92
核桃属	90	0	0	0	0	0	0	0	0	0	0	0	0	0	0	90

(续)

属（种）\国家	中国	荷兰	法国	美国	德国	日本	英国	澳大利亚	丹麦	比利时	西班牙	以色列	意大利	厄瓜多尔	新西兰	合计
绣球属	38	2	1	21	0	28	0	0	0	0	0	0	0	0	0	90
文冠果	89	0	0	0	0	0	0	0	0	0	0	0	0	0	0	89
紫薇属	88	0	0	0	0	0	0	0	0	0	0	0	0	0	0	88
柳属	87	0	0	0	0	0	0	0	0	0	0	0	0	0	0	87
桂花	65	0	0	0	0	0	0	0	0	0	0	0	0	0	0	65
桃花	64	0	0	0	0	0	0	0	0	0	0	0	0	0	0	64
卫矛属	63	0	0	0	0	0	0	0	0	0	0	0	0	0	0	63
丁香属	61	0	0	0	0	0	0	0	0	0	0	0	0	0	0	61
杏	59	0	0	2	0	0	0	0	0	0	0	0	0	0	0	61
含笑属	59	0	0	0	0	0	0	0	0	0	0	0	0	0	0	59
悬钩子属	25	0	0	28	0	0	4	0	0	1	0	0	0	0	0	58
大戟属	12	7	0	7	19	0	0	10	0	0	0	0	0	0	0	55
木瓜属	46	0	0	0	0	0	0	0	0	0	0	0	0	0	0	46
蜡梅	46	0	0	0	0	0	0	0	0	0	0	0	0	0	0	46
其他	1668	4	0	17	23	20	0	3	0	0	0	5	0	0	0	1740
合计	4882	357	145	126	123	64	55	39	32	8	6	5	4	1	1	5848

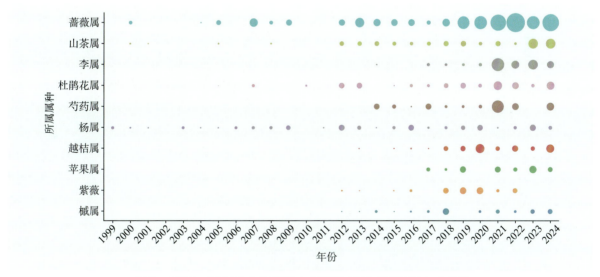

图6　1999—2024年授权品种中主要属（种）授权量的年度分析

4.品种权人授权量分析

品种权人分析包括每件授权植物新品种的所有共同品种权人，并对品种权人（机构）的不同写法、历史变迁和异名进行了规范化加工整理，以保持统计数据的完整性和准确性。

2024年，林业和草原植物新品种授权量最多的是北京林业大学，共43件，其次是中国科学院（35件）、广西壮族自治区林业科学研究院（26件）、法国玫兰国际有限公司（Meilland International

S.A）（23件）、肇庆棕榈谷花园有限公司（23件）；排名前15的品种权人中有2家外国企业。截至2024年年底，林业和草原植物新品种授权总量最多的是北京林业大学，共360件，其次是中国林业科学研究院（296件）；排名前15的品种权人中有2家外国企业，分别是迪瑞特知识产权公司（De Ruiter Intellectual Property B.V.）（101件）和法国玫兰国际有限公司（Meilland International S.A）（72件）（表13）。

截至2024年年底，从授权品种中排名前10位品种权人授权量的年度分布来看，北京林业大学、中国林业科学研究院和中国科学院的授权量自2018年以来持续增长，南京林业大学、云南省农业科学院、湖南省林业科学院自2018年以来的授权量呈波动增长趋势，而山东省林业科学研究院、中国农业科学院、迪瑞特知识产权公司和山东农业大学近年来的授权量呈下降趋势（图7）。

表13　1999—2024年林业和草原授权植物品种的品种权人授权量统计　　　　　　　　单位：件

序号	1999—2024年授权总量		序号	2024年授权量	
	品种权人	授权量		品种权人	授权量
1	北京林业大学	360	1	北京林业大学	43
2	中国林业科学研究院	296	2	中国科学院	35
3	中国科学院	202	3	广西壮族自治区林业科学研究院	26
4	南京林业大学	176	4	法国玫兰国际有限公司（Meilland International S.A）	23
5	山东省林业科学研究院	163	5	肇庆棕榈谷花园有限公司	23
6	中国农业科学院	107	6	中国林业科学研究院	22
7	云南省农业科学院	103	7	广东阿婆六生态农业发展有限公司	19
8	迪瑞特知识产权公司（De Ruiter Intellectual Property B.V.）	101	8	南京林业大学	19
9	湖南省林业科学院	97	9	韶关市旺地樱花种植有限公司	17
10	山东农业大学	85	10	苏州市华冠园创园艺科技有限公司	17
11	法国玫兰国际有限公司（Meilland International S.A）	72	11	荷兰英特普兰特月季育种公司（Interplant Roses B.V.）	16
12	棕榈生态城镇发展股份有限公司	71	12	湖南省林业科学院	16
13	扬州小苹果园艺有限公司	71	13	英德市旺地樱花种植有限公司	16
14	长沙湘莹园林科技有限公司	69	14	云南省农业科学院	16
15	江苏省林业科学研究院	67	15	浙江农林大学	16
16	云南锦科花卉工程研究中心有限公司	67	16	浙江省园林植物与花卉研究所	16

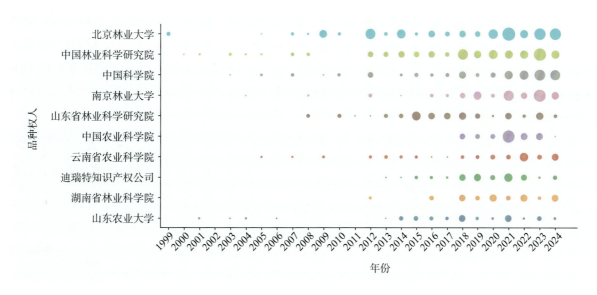

图7　1999—2024年授权品种中主要品种权人授权量的年度分析

5.品种权人构成分析

品种权人构成分析以第一品种权人类型进行统计。2024年，林业和草原植物新品种的品种权人以企业为主，共获得植物新品种权394件（44.87%），其次是科研院所230件（26.20%）和高等院校156件（17.77%）。截至2024年年底，林业和草原植物新品种的品种权人以企业和科研院所为主，分别获得植物新品种权2401件和1669件，分别占总量的41.06%和28.54%，其次是高等院校987件（16.88%）（图8）。企业更加侧重于观赏植物的新品种培育，科研院所和高等院校则相对均衡一些，林木和经济林的新品种培育也较多（表14）。

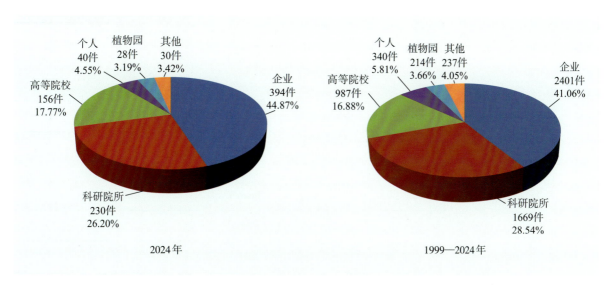

图8　2024年和1999—2024年林业和草原授权植物新品种品种权人构成统计

表14　1999—2024年林业授权品种中不同植物类别品种权人授权量统计　　单位：件

植物类别	品种权人						
	企业	科研院所	高等院校	个人	其他	植物园	合计
观赏植物	1941	868	633	249	151	201	4043
林木	147	351	183	47	29	3	760
经济林	257	405	139	41	50	4	896
其他	49	23	19	3	5	0	99
木质藤本	7	4	4	0	2	5	22
竹	0	18	9	0	0	1	28
合计	2401	1669	987	340	237	214	5848

6. 授权品种地域分析

授权品种地域分析根据品种培育地进行统计。2024年，全国共有29个省（自治区、直辖市）获得林业和草原植物新品种权，授权量最多的是江苏和浙江，分别为93件和88件，占国内授权总量的12.67%和11.99%，其次是广东（83件）、北京（73件）、云南（59件）和山东（52件）。截至2024年年底，全国共有31个省（自治区、直辖市）获得林业和草原植物新品种权，授权量最多的是北京，共749件，占国内授权总量的15.34%，其次是山东、浙江、云南和江苏。北京以蔷薇属、山东以李属、浙江以杜鹃花属、云南以蔷薇属、江苏以苹果属为主要授权品种（表15，图9）。

表15　1999—2024年全国各省（自治区、直辖市）新品种授权量统计　　单位：件

序号	省（自治区、直辖市）	1999—2024年授权总量	2024年授权量	主要属（种）
1	北京	749	73	蔷薇属、芍药属、杨属
2	山东	611	52	李属、苹果属
3	浙江	540	88	杜鹃花属、山茶属
4	云南	429	59	蔷薇属
5	江苏	420	93	苹果属
6	广东	340	83	山茶属、李属
7	河南	261	46	蜡梅、桃花
8	湖南	186	32	紫薇、山茶属
9	福建	185	31	李属、桂花
10	河北	173	12	榆属、木瓜属
11	辽宁	130	22	越桔属
12	广西	128	44	山茶属、木槿属
13	甘肃	94	4	芍药属、牡丹
14	黑龙江	78	16	锦带花属

（续）

序号	省（自治区、直辖市）	1999—2024年授权总量	2024年授权量	主要属（种）
15	上海	74	4	山茶属、木瓜属
16	陕西	72	6	木兰属
17	四川	58	8	花椒属
18	安徽	55	16	杜鹃花属、李属、蜡梅
19	湖北	52	7	悬铃木属
20	宁夏	45	4	枸杞属
21	内蒙古	45	5	丁香属、杨属
22	江西	37	2	樟属、南酸枣
23	山西	35	6	皂荚属
24	新疆	28	2	核桃属、胡颓子属
25	海南	22	13	叶子花属
26	贵州	11	0	方竹属、蔷薇属
27	吉林	9	3	蔷薇属
28	天津	7	1	蔷薇属
29	重庆	5	1	杜鹃花属
30	台湾	2	1	叶子花属
31	青海	1	0	杏
合计		4882	734	

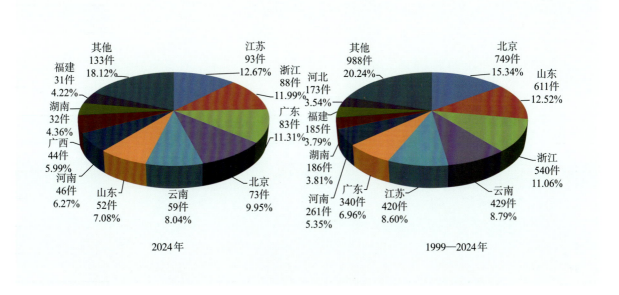

图9　2024年和1999—2024年全国各省（自治区、直辖市）新品种授权量统计

三、品种申请分析

2024年,林业和草原植物新品种申请量共1338件,其中,国内申请1240件,占申请量的92.68%,国外申请98件(7.32%)。截至2024年年底,林业和草原植物新品种申请量共12080件,其中,国内申请10383件,占申请量的85.95%,国外申请1697件(14.05%)(表9)。

1.属(种)分析

2024年,林业和草原植物新品种申请以蔷薇属为主,共283件,占年度申请总量的21.15%,其次是向日葵属67件(5.01%)、越桔属62件(4.63%)、芍药属58件(4.34%)、李属48件(3.59%)(图10)。

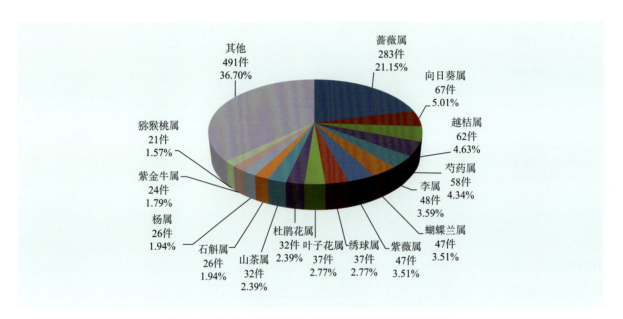

图10 2024年申请的林业和草原植物新品种属(种)统计

2.申请人分析

品种申请人分析包括每件植物新品种的所有共同申请人,并对申请人(机构)的不同写法、历史变迁和异名进行了规范化加工整理,以保持统计数据的完整性和准确性。

2024年,全国共有343位申请人申请了林业和草原植物新品种,排名前3的是北京市园林绿化科学研究院(74件)、北京林业大学(73件)、北京国色牡丹科技有限公司(41件)和大连森茂现代农业有限公司(38件),申请量排名前15位的申请人见表16。

表16 2024年林业和草原植物新品种申请人的申请量统计   单位:件

序号	申请人	申请量	主要属(种)
1	北京市园林绿化科学研究院	74	蔷薇属
2	北京林业大学	73	芍药属
3	北京国色牡丹科技有限公司	41	芍药属
4	大连森茂现代农业有限公司	38	越桔属

（续）

序号	申请人	申请量	主要属（种）
5	漳州钜宝生物科技股份有限公司	37	蝴蝶兰属
6	山东益得来生物科技有限公司	36	向日葵属
7	山东菊芋农业科技有限公司	31	向日葵属
8	广西壮族自治区农业科学院	29	报春苣苔属
9	中国林业科学研究院	29	桉属
10	中国农业大学	29	蔷薇属
11	中国科学院	27	紫薇属、越桔属
12	湖南省林业科学院	25	紫薇属
13	云南省农业科学院	25	蔷薇属
14	青岛普世蓝现代农业有限公司	24	越桔属
15	大连普世蓝农业科技有限公司	23	越桔属

3. 申请人构成分析

申请人构成分析以第一申请人类型进行统计。2024年，林业和草原植物新品种的申请人以企业和科研院所为主，分别申请植物新品种权564件和400件，分别占总量的42.15%和29.90%，其次是高等院校243件，植物园37件，个人34件（图11）。

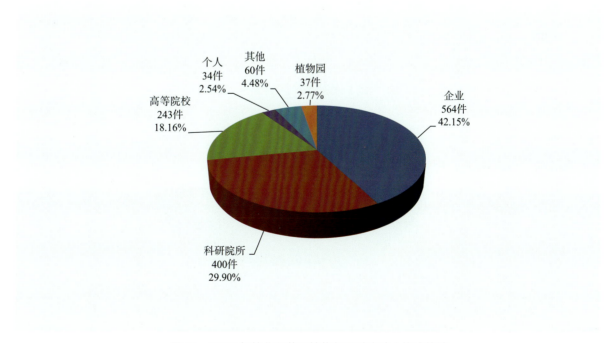

图11　2024年林业和草原植物新品种申请人构成统计

4. 申请人地域分析

从申请人国家来看，2024年共有11个国家申请了林业和草原植物新品种，按申请量依次是中国（1240件）、荷兰（34件）、德国（22件）、法国（14件）、以色列（11件）、美国（6件）、日本（6件）、英国（2件）、爱尔兰（1件）、澳大利亚（1件）、瑞士（1件）（图12）。

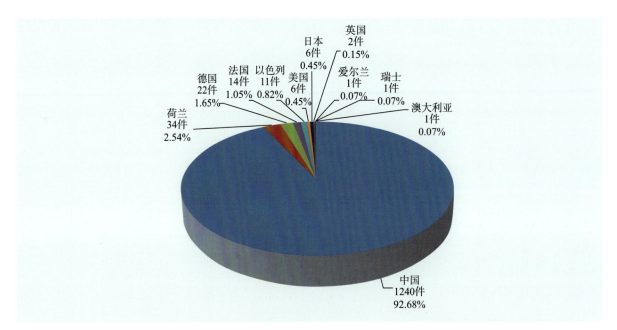

图12　2024年林业和草原植物新品种申请中各国的申请量统计

从国内申请人的地域分布来看，申请量排名前6位的是云南（193件）、北京（150件）、山东（130件）、福建（97件）、江苏（80件）、广东（74件），这6个地区的申请量占国内申请总量的58.39%（图13）。

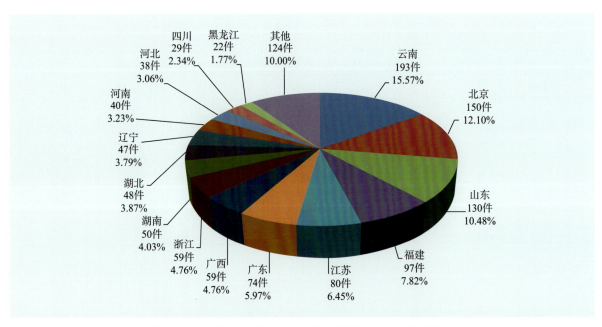

图13　2024年国内林业和草原植物新品种申请人地域分布

2024年林业和草原专利统计分析

专利分为发明专利、实用新型和外观设计3种类型。发明专利是指对产品、方法或者其改进所提出的新的技术方案。实用新型是指对产品的形状、构造或者其结合所提出的适于实用的新的技术方案。外观设计是指对产品的形状、图案或者其结合以及色彩与形状、图案的结合所作出的富有美感并适于工业应用的新设计。

一、林业专利分析

国家林业和草原局知识产权研究中心组织专家，研究整理形成了一批与林业相关的关键词和国际专利分类号，采用关键词与国际专利分类号相结合的方式检索数据，并进行数据清洗和整理，形成最终的林业专利数据。

1.总量分析

2024年，国家知识产权局专利数据库公开的林业专利量82257件，年度专利量较去年出现小幅度提升。"十三五"期间（2016—2020年）公开的林业专利共376996件，同比增长176.49%。截至2024年底，林业专利公开量共计970577件（表17，图14）。

表17　1985—2024年林业专利公开量统计　　　　　　　　　　　　　单位：件

年份	专利总量	发明专利	实用新型	外观设计
1985	8	6	1	1
1986	198	112	85	1
1987	396	195	191	10
1988	506	177	320	9
1989	619	229	366	24
1990	620	279	300	41
1991	752	250	442	60
1992	1130	322	731	77
1993	971	405	485	81
1994	1383	605	711	67
1995	1378	566	681	131
1996	1505	676	625	204
1997	1688	691	706	291
1998	1962	769	784	409
1999	2702	772	1336	594
2000	2791	872	1295	624
2001	3275	1134	1356	785
2002	3769	1246	1465	1058
2003	4755	1758	1621	1376
2004	4507	1856	1526	1125

（续）

年份	专利总量	发明专利	实用新型	外观设计
2005	6506	3452	1808	1246
2006	7645	3388	2488	1769
2007	9560	4334	3052	2174
2008	11452	5322	3928	2202
2009	13739	6355	3968	3416
2010	13651	5466	3785	4400
2011	14232	7640	4776	1816
2012	18763	11449	6256	1058
2013	26453	14293	9636	2524
2014	31835	20065	9620	2150
2015	45066	27518	14199	3349
2016	52628	31086	18458	3084
2017	65260	40717	21337	3206
2018	86842	47113	35551	4178
2019	80343	39818	36847	3678
2020	91923	30633	56260	5030
2021	97686	28765	65869	3052
2022	105630	33039	66827	5764
2023	74191	30035	40930	3226
2024	82257	35789	44154	2314
合计	970577	439197	464776	66604

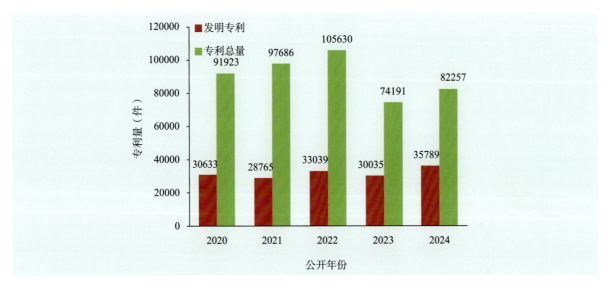

图14　2020—2024年林业专利公开量统计

2. 发展趋势分析

林业专利申请始于1985年。这一年我国刚刚开始实施专利法和建立专利制度。1985—1998年林业专利技术发展十分缓慢，每年公开的林业专利量不超过2000件；1999—2011年林业专利量平稳增长，每年公开的林业专利量从1999年的2000多件逐渐增长为2010年的1万多件；2012—2018年期间，林业专利量迅猛增长，每年公开的林业专利量由2012年的1万多件攀升到2018年的8万多件；2019—2024年，每年的林业专利量相对稳定，仍然保持在8万件左右，其中，发明专利量每年3.3万件左右（图15）。

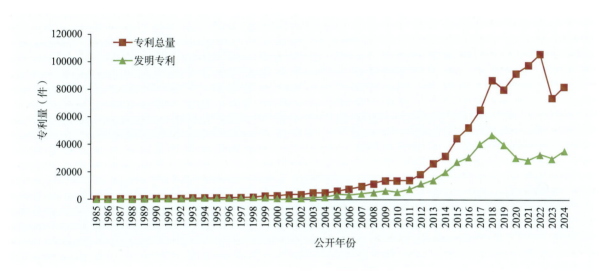

图15　1985—2024年林业专利量发展趋势

3. 专利类型分析

2024年，林业专利共82257件，其中，发明专利35789件（43.51%），实用新型专利44154件（53.68%），外观设计2314件（2.81%）。2011—2019年林业专利中发明专利所占比重均保持在50%~64%，2020—2022年尽管林业专利量仍然迅速增长，但专利增长主要来自实用新型专利，发明专利占比明显下降，为29%~34%，2023—2024年林业专利量有所减少，但发明专利占比明显升高，超过40%。截至2024年年底，林业专利共970577件，其中，发明专利439197件，占林业专利总量的45.25%，实用新型464776件（47.89%），外观设计66604件（6.86%）（图16）。

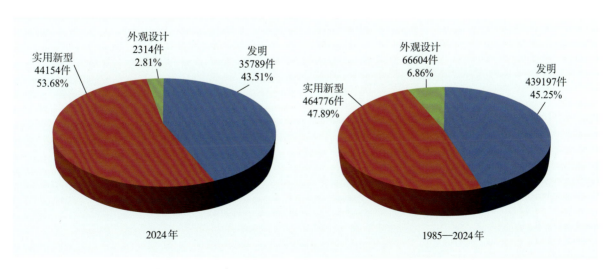

图16　2024年和1985—2024年林业专利的专利类型统计

4. 申请人构成分析

林业专利的创造主体主要是企业。2024年林业专利申请人中企业、高等院校和科研院所所占比重分别为58.93%、18.84%和17.43%。截至2024年年底，林业专利申请人中企业、高等院校和科研院所所占比重分别为51.69%、16.64%和12.06%（图17）。

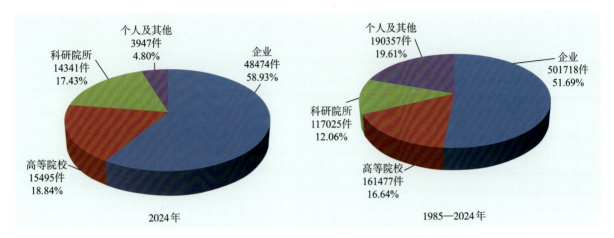

图17　2024年和1985—2024年林业专利的申请人构成统计

5. 地域分析

对全国31个省（自治区、直辖市）的林业专利申请公开量的分析结果显示，2024年各省（自治区、直辖市）公开的林业专利中，江苏的专利量最多，共8564件，其次是山东（7871件）、浙江（6497件）和广东（5981件），排名前10位的省（自治区、直辖市）还包括北京（4372件）、安徽（4175件）、陕西（3186件）、云南（3076件）、河北（3069件）、四川（2907件）。截至2024年底，江苏专利量排名第1，共121293件，排名前10位的省（自治区、直辖市）还包括浙江（95047件）、广东（78893件）、山东（69498件）、安徽（56036件）、北京（46131件）、福建（43241）、四川（33836件）、河南（32946件）、湖南（29454件）（表18）。

表18　1985—2024年全国各省（自治区、直辖市）的林业专利公开量统计　　　　单位：件

排名	省（自治区、直辖市）	1985—2024年专利总量	公开年份				
			2020	2021	2022	2023	2024
1	江苏	121293	14569	14557	12957	8373	8564
2	浙江	95047	8181	7613	8047	5940	6497
3	广东	78893	8385	9182	9680	6004	5981
4	山东	69498	5855	7079	10253	6750	7871
5	安徽	56036	4366	4488	5057	4049	4175
6	北京	46131	3496	3987	4485	3830	4372
7	福建	43241	5422	3624	3747	2618	2852
8	四川	33836	2921	3341	3639	2499	2907
9	河南	32946	3470	4002	3888	2613	2649

(续)

排名	省（自治区、直辖市）	1985—2024年专利总量	公开年份				
			2020	2021	2022	2023	2024
10	湖南	29454	3261	3098	3387	2257	2146
11	广西	28995	1716	1813	2479	1838	1737
12	陕西	28994	2439	2935	3139	2073	3186
13	黑龙江	28549	2566	2835	3208	2216	2542
14	湖北	26578	2460	2666	3664	2763	2861
15	云南	26071	2518	2935	3452	2551	3076
16	河北	24600	2940	3113	3436	2257	3069
17	上海	23428	1911	2279	2503	1840	1747
18	江西	20357	2872	2756	2406	1909	1837
19	辽宁	18622	1554	1818	2104	1527	1585
20	重庆	16501	1338	1966	1642	1063	1134
21	贵州	15948	1434	1577	1423	1035	1151
22	天津	15692	1391	1628	1165	944	798
23	甘肃	13576	1477	1728	1650	1187	1639
24	吉林	10395	807	871	1047	972	1080
25	山西	9554	921	1092	1135	777	866
26	新疆	9345	577	979	1147	973	1300
27	宁夏	7833	791	1058	1265	735	872
28	内蒙古	7674	675	900	1095	873	1682
29	海南	5222	481	811	980	714	752
30	青海	3098	332	448	388	221	397
31	西藏	902	102	87	158	129	192

6.林业重点领域专利分析

按森林培育、木材加工、林业机械、竹藤产业、木地板产业、林产化工和林业生物质能源7个主要领域对林业专利进行统计分析。2024年，森林培育领域专利公开量为10296件、木材加工9153件、林业机械6799件、竹藤产业4980件、木地板产业781件、林产化工2213件、林业生物质能源1132件（表19，图18）。

截至2024年年底，专利量最多的是森林培育和木材加工，分别为132102件和118487件，其次是竹藤产业（82113件）和林业机械（79077件）。7个林业重点领域中发明专利比重最高的是林产化工和林业生物质能源，分别为65.82%和56.53%，其次是森林培育（47.65%）、林业机械（37.62%）、木材加工（36.78%）、竹藤产业（35.91%）和木地板产业（27.94%）（表19）。

表19　1985—2024年林业重点领域专利公开量统计　　　　　　　　　　　　　　　　　　　　单位：件

领域分类	1985—2024年专利总量				2024年专利量			
	发明专利	实用新型	外观设计	合计	发明专利	实用新型	外观设计	合计
森林培育	62942	67440	1720	132102	3620	6527	149	10296
木材加工	43575	74849	63	118487	2404	6741	8	9153
林业机械	29749	49109	219	79077	2198	4571	30	6799
竹藤产业	29487	28210	24416	82113	1750	1878	1352	4980
木地板产业	5058	10057	2988	18103	219	491	71	781
林产化工	20579	10325	360	31264	1260	936	17	2213
林业生物质能源	10036	7607	110	17753	564	566	2	1132

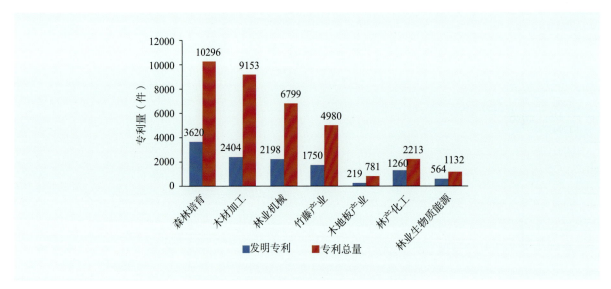

图18　2024年林业重点领域专利公开量统计

二、林业科研院所和高等院校专利分析

本报告中的林业科研院所是指林业系统的科研机构，主要包括国家、省（自治区、直辖市）、市（区）、县4级林业科研和开发机构，不包括各省市县林业和草原局、各类农林科学院、各类林场。林业高等院校包括各类林业高校和农林高校。专利分析包括林业高校和农林高校的所有专利的原因主要是由于许多农林高校，如西北农林科技大学、浙江农林科技大学等农林高校的前身均为林业高校，因此学校拥有大量的林业领域专利。此外，许多林业高校的专业越来越趋于综合化，也拥有大量其他领域专利，为了保证专利数据的客观性，本报告对林业高校和农林高校的所有专利进行了统计分析。

1. 总量分析

2024年，全国林业科研院所的专利公开量为3262件，其中，发明专利公开量为1940件，占其专利公开总量的59.47%；林业高等院校的专利公开量为5459件，其中，发明专利3826件，占其专利公开总量的70.09%。截至2024年年底，林业科研院所的专利公开量共计21743件，其中，发明专利公开量13636件，占其专利公开总量的62.71%；林业高等院校的专利公开量共计76231件，其中，发明专利公开量39206件，占其专利公开总量的51.43%（表20，图19）。

表20　1985—2024年林业科研院所和高等院校的专利公开量统计　　　　单位：件

公开年份	科研院所				高等院校			
	发明专利	实用新型	外观设计	合计	发明专利	实用新型	外观设计	合计
1985	1	0	0	1	0	0	0	0
1986	9	5	0	14	1	1	0	2
1987	12	8	0	20	3	5	0	8
1988	9	12	0	21	6	2	0	8
1989	11	7	0	18	3	9	0	12
1990	13	13	0	26	6	4	0	10
1991	14	6	2	22	3	11	0	14
1992	12	22	1	35	13	8	0	21
1993	9	5	0	14	10	8	0	18
1994	11	9	0	20	3	7	0	10
1995	14	7	1	22	6	6	0	12
1996	10	6	3	19	8	11	0	19
1997	10	10	1	21	6	6	0	12
1998	11	3	0	14	9	10	0	19
1999	9	11	0	20	5	10	0	15
2000	5	14	0	19	12	14	0	26
2001	12	18	0	30	12	21	0	33
2002	9	1	0	10	21	14	0	35
2003	24	17	1	42	49	18	0	67
2004	31	17	3	51	58	22	0	80
2005	41	12	4	57	161	33	0	194
2006	66	17	1	84	194	39	0	233
2007	106	13	1	120	305	31	2	338
2008	172	56	1	229	440	63	55	558
2009	200	62	0	262	569	102	48	719
2010	197	68	11	276	685	164	22	871
2011	280	101	3	384	845	382	82	1309
2012	396	96	7	499	1328	485	298	2111

(续)

公开年份	科研院所				高等院校			
	发明专利	实用新型	外观设计	合计	发明专利	实用新型	外观设计	合计
2013	451	128	10	589	1476	882	445	2803
2014	561	136	2	699	1813	692	343	2848
2015	699	215	13	927	2050	921	363	3334
2016	672	285	16	973	2234	1121	227	3582
2017	966	304	12	1282	2794	1400	388	4582
2018	944	483	23	1450	3318	2287	816	6421
2019	1156	448	52	1656	4300	3689	808	8797
2020	757	799	57	1613	2690	5654	835	9179
2021	1152	1026	30	2208	3089	6227	511	9827
2022	1099	1063	33	2195	3221	3575	292	7088
2023	1545	928	66	2539	3634	1670	253	5557
2024	1940	1299	23	3262	3826	1553	80	5459
合计	13636	7730	377	21743	39206	31157	5868	76231

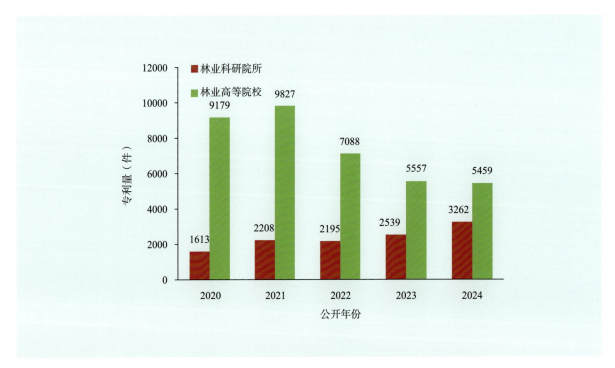

图19　2020—2024年林业科研院所和高等院校专利公开量统计

2.发展趋势分析

林业科研院所和高等院校的专利发展趋势可以划分为4个阶段，第一阶段为1985—2002年，每年的专利量不足100件，增长十分缓慢；第二阶段为2003—2009年，每年专利量100~1000件，增长较为迅速；第三阶段为2010—2021年，专利量迅猛增长，由2010年的1000多件增至2021年1万多件，达到峰值；第四阶段为2022年至今，年度专利量有所下降，不足1万件。2011—2021年期间，林业高等院校的专利增长速度明显超过了林业科研院所，二者专利量之间的差距逐步拉大，但在2022年之后，林业高等院校的专利数量大幅度下降，而科研院所的专利数量缓慢增加（图20）。

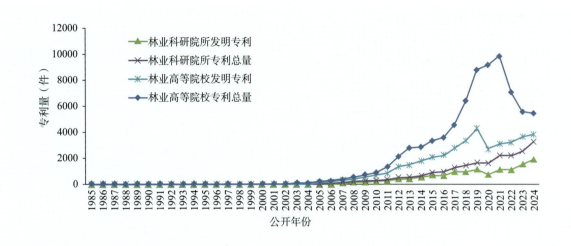

图20　1985—2024年林业科研院所和高等院校的专利公开量发展趋势

3.申请人分析

专利申请人分析包括每件专利的所有共同申请人，并对申请人（机构）的不同写法、历史变迁和异名进行了规范化加工整理，以保持统计数据的完整性和准确性。

2024年，在林业科研院所中，中国林业科学研究院的专利公开量为532件，占林业科研院所专利总量的16.31%，其次是广西壮族自治区林业科学研究院（163件）和江西省林业科学研究院（112件）。在林业高等院校中，南京林业大学的专利公开量为1392件，其次是西北农林科技大学（992件）和东北林业大学（759件）（表21）。

表21　2024年林业科研院所和高等院校专利申请人的专利公开量统计　　单位：件

分类	序号	申请人	发明专利	实用新型	外观设计	合计
科研院所	1	中国林业科学研究院	491	40	1	532
	2	广西壮族自治区林业科学研究院	83	79	1	163
	3	江西省林业科学院	81	31	0	112
	4	黑龙江省林业科学院	34	75	0	109
	5	浙江省林业科学研究院	71	25	1	97
	6	云南省林业和草原科学院	65	17	0	82
	7	山东省林业科学研究院	57	14	0	71
	8	国际竹藤中心	61	8	0	69
	9	吉林省林业科学研究院	48	17	0	65
	9	广东省林业科学研究院	53	9	3	65

（续）

分类	序号	申请人	发明专利	实用新型	外观设计	合计
高等院校	1	南京林业大学	880	498	14	1392
	2	西北农林科技大学	664	308	20	992
	3	东北林业大学	540	211	8	759
	4	北京林业大学	488	97	13	598
	5	浙江农林大学	368	120	4	492
	6	福建农林大学	263	53	3	319
	7	西南林业大学	225	67	8	300
	8	中南林业科技大学	226	47	3	276
	9	江苏农林职业技术学院	76	14	0	90
	10	信阳农林学院	38	30	0	68

截至2024年年底，在林业科研院所中，中国林业科学研究院的专利公开量共6025件，占林业科研院所专利总量的27.71%。其次是广西壮族自治区林业科学研究院（1308件）、浙江省林业科学研究院（916件）、云南省林业和草原科学院（808件）和黑龙江省林业科学院（684件）。在林业高等院校中，南京林业大学的公开专利量共22492件，其次是西北农林科技大学（11185件）、东北林业大学（10401件）、福建农林大学（7866件）、浙江农林大学（6329件）、北京林业大学（5915件）、中南林业科技大学（4325件）、西南林业大学（3117件）（表22）。

表22 1985—2024年林业科研院所和高等院校专利申请人的专利公开量统计   单位：件

分类	序号	申请人	发明专利	实用新型	外观设计	合计
科研院所	1	中国林业科学研究院	4967	1028	30	6025
	2	广西壮族自治区林业科学研究院	979	327	2	1308
	3	浙江省林业科学研究院	568	347	1	916
	4	云南省林业和草原科学院	339	381	88	808
	5	黑龙江省林业科学院	260	414	10	684
	6	国际竹藤中心	414	149	11	574
	7	湖南省林业科学院	376	169	0	545
	8	甘肃省治沙研究所	230	293	17	540
	9	山东省林业科学研究院	390	101	1	492
	10	江西省林业科学院	268	181	6	455
高等院校	1	南京林业大学	8610	12447	1435	22492
	2	西北农林科技大学	7405	3582	198	11185
	3	东北林业大学	4403	4977	1021	10401
	4	福建农林大学	4865	2621	380	7866

（续）

分类	序号	申请人	发明专利	实用新型	外观设计	合计
高等院校	5	浙江农林大学	3214	1523	1592	6329
	6	北京林业大学	4907	905	103	5915
	7	中南林业科技大学	2871	1191	263	4325
	8	西南林业大学	1226	1134	757	3117
	9	信阳农林学院	617	1236	8	1861
	10	江苏农林职业技术学院	1226	405	26	1657

4. 发明专利授权情况分析

（1）授权发明专利总量分析

2024年，林业科研院所发明专利授权共计2130件，林业高等院校发明专利授权共计3608件，授权数量较之前均有大幅度提升。

截至2024年年底，林业科研院所共获得发明专利授权7346件，占林业科研院所发明专利申请总量的53.87%；林业高等院校共获得发明专利授权19146件，占林业高等院校发明专利申请总量的48.83%（表23，图21，图22）。

表23　1985—2024年林业科研院所和高等院校的发明专利授权量统计　　单位：件

授权年份	科研院所	高等院校	授权年份	科研院所	高等院校
1985	1	0	2005	13	38
1986	0	0	2006	26	60
1987	2	1	2007	39	85
1988	3	1	2008	32	114
1989	9	2	2009	75	188
1990	4	2	2010	105	266
1991	5	1	2011	160	465
1992	9	2	2012	181	636
1993	4	2	2013	234	688
1994	2	6	2014	239	709
1995	4	3	2015	296	917
1996	2	3	2016	324	1075
1997	1	1	2017	390	1047
1998	2	1	2018	341	1027
1999	4	5	2019	297	1076
2000	3	3	2020	433	1282
2001	5	6	2021	498	1686
2002	4	4	2022	654	1910
2003	8	6	2023	796	2195
2004	11	25	2024	2130	3608
			合计	7346	19146

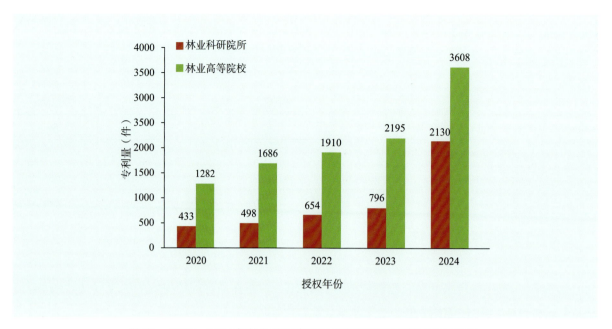

图21 2020—2024年林业科研院所和高等院校发明专利授权量统计

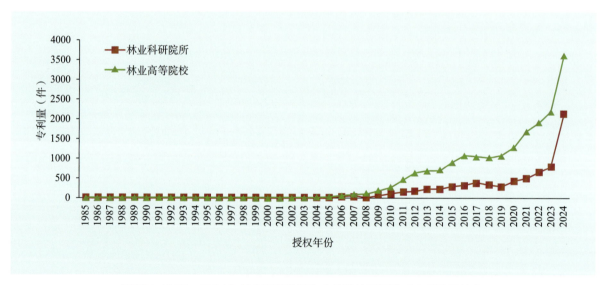

图22 1985—2024年林业科研院所和高等院校授权发明专利发展趋势

（2）专利权人分析

专利权人分析包括每件授权发明专利的所有共同专利权人，并对专利权人（机构）的不同写法、历史变迁和异名进行了规范化加工整理，以保持统计数据的完整性和准确性。

2024年，在林业科研院所中，中国林业科学研究院的发明专利授权量为286件，占林业科研院所发明专利授权总量的13.43%，其次是广西壮族自治区林业科学研究院（111件）和黑龙江林业科学研究院（78件）。在林业高等院校中，排名第一的是南京林业大学（1109件），占林业高等院校发明专利授权总量的30.74%，其次是西北农林科技大学（701件）和东北林业大学（422件）（表24）。

截至2024年年底，在林业科研院所中，中国林业科学研究院的发明专利授权量共2616件，占林业科研院所发明专利授权总量的35.61%，其次是广西壮族自治区林业科学研究院（507件）和浙江省林业科学研究院（329件）。在林业高等院校中，排名前3的分别是南京林业大学（4720件）、西北农林科技大学（2983件）和福建农林大学（2430件）（表25）。

表24 2024年林业科研院所和高等院校发明专利的专利权人授权量统计　　　　　单位：件

分类	序号	专利权人	授权量
科研院所	1	中国林业科学研究院	286
	2	广西壮族自治区林业科学研究院	111
	3	黑龙江林业科学研究院	78
	4	云南省林业和草原科学院	60
	5	新疆林业科学院	55
	6	江西省林业科学院	47
	7	浙江省林业科学研究院	46
	8	广东省林业科学研究院	44
	8	吉林省林业科学研究院	44
	10	黑龙江省林业设计研究院	39
高等院校	1	南京林业大学	1109
	2	西北农林科技大学	701
	3	东北林业大学	422
	4	北京林业大学	305
	5	浙江农林大学	242
	6	福建农林大学	199
	7	西南林业大学	180
	8	中南林业科技大学	160
	9	江苏农林职业技术学院	46
	10	信阳农林学院	36

表25 1985—2024年林业科研院所和高等院校发明专利的专利权人授权量统计　　　单位：件

分类	排名	专利权人	授权量
科研院所	1	中国林业科学研究院	2616
	2	广西壮族自治区林业科学研究院	507
	3	浙江省林业科学研究院	329
	4	山东省林业科学研究院	227
	5	国际竹藤中心	198
	6	黑龙江林业科学研究院	179
	7	湖南省林业科学院	160
	8	云南省林业和草原科学院	136

(续)

分类	排名	专利权人	授权量
科研院所	9	广东省林业科学研究院	135
科研院所	10	上海市园林科学规划研究院	114
科研院所	10	江西省林业科学院	114
高等院校	1	南京林业大学	4720
高等院校	2	西北农林科技大学	2983
高等院校	3	福建农林大学	2430
高等院校	4	北京林业大学	2374
高等院校	5	东北林业大学	1910
高等院校	6	浙江农林大学	1664
高等院校	7	中南林业科技大学	1519
高等院校	8	西南林业大学	567
高等院校	9	江苏农林职业技术学院	409
高等院校	10	信阳农林学院	177

三、草原专利分析

国家林业和草原局知识产权研究中心组织专家，研究整理形成了一批与草原相关的关键词和国际专利分类号，采用关键词与国际专利分类号相结合的方式检索数据，并进行数据清洗和整理，形成最终的草原专利数据。

1. 总量分析

2024年，国家知识产权局专利数据库公开的草原专利量11659件，近7年的专利量都维持在1万件以上。"十三五"期间（2016—2020年）公开的草原专利共51171件，同比增长113.25%。截至2024年底，草原专利公开量共计137886件（表26，图23）。

表26　1985—2024年草原专利公开量统计　　　　　　　　　　　　　　　　　　单位：件

年份	专利总量	发明专利	实用新型	外观设计
1986	37	31	6	0
1987	75	60	14	1
1988	72	47	25	0
1989	77	57	19	1
1990	86	61	22	3
1991	109	71	37	1
1992	134	86	45	3
1993	149	100	37	12

（续）

年份	专利总量	发明专利	实用新型	外观设计
1994	166	136	28	2
1995	169	110	46	13
1996	181	125	44	12
1997	244	188	48	8
1998	277	214	51	12
1999	321	203	106	12
2000	325	210	82	33
2001	447	288	119	40
2002	518	307	148	63
2003	622	362	183	77
2004	636	370	163	103
2005	955	670	185	100
2006	1237	705	294	238
2007	1181	703	308	170
2008	1339	758	332	249
2009	1826	1087	370	369
2010	2407	1380	564	463
2011	2633	1653	571	409
2012	3881	2520	762	599
2013	4630	2777	1140	713
2014	5565	3828	1187	550
2015	7287	4866	1884	537
2016	7814	5278	2174	362
2017	9646	6832	2449	365
2018	11926	7267	4133	526
2019	10081	5766	3814	501
2020	11704	4737	5705	1262
2021	12985	4974	7499	512
2022	13419	5330	7531	558
2023	11066	5403	5146	517
2024	11659	5930	5140	589
合计	137886	75490	52411	9985

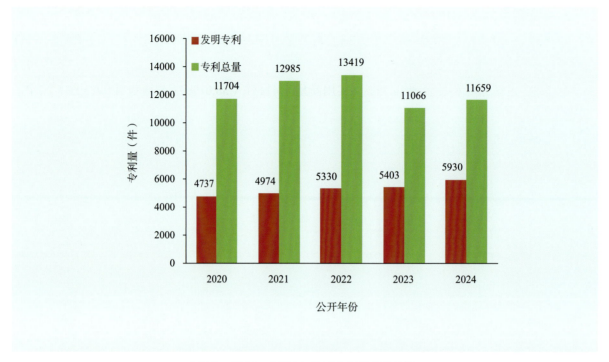

图23　2020—2024年草原专利公开量统计

2.发展趋势分析

1986—2004年草原专利技术发展十分缓慢，每年公开的草原专利量不超过700件；2005—2011年草原专利量平稳增长，每年公开的草原专利量从2005年的900多件逐渐增长为2011年的2000多件；2012—2018年，草原专利量迅猛增长，每年公开的草原专利量由2012年的1000多件攀升到2019年的1万多件；2019—2022年草原专利总量持续上升，2023年小幅度下降后，2024年有所上升，而近5年发明专利量相较于之前有所减少但趋于平稳（图24）。

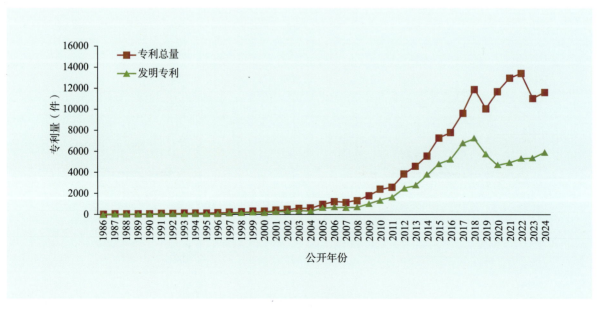

图24　1985—2024年草原专利量发展趋势

3. 专利类型分析

2024年，草原专利共11659件，其中，发明专利5930件（50.86%），实用新型专利5140件（44.09%），外观设计589件（5.05%）。截至2024年年底，草原专利共137886件，其中，发明专利75490件，占草原专利总量的54.75%，实用新型52411件（38.01%），外观设计9985件（7.24%）（图25）。

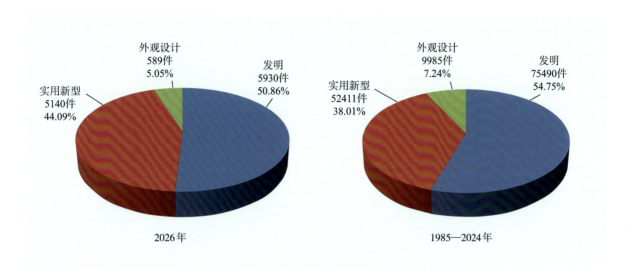

图25　2024年和1985—2024年草原专利的专利类型统计

4. 申请人构成分析

草原专利的创造主体主要是企业。2024年，草原专利申请人中企业、高等院校和科研院所所占比重分别为58.73%、15.61%和19.77%。截至2024年底，草原专利申请人中企业、高等院校和科研院所所占比重分别54.12%、11.38%和11.53%（图26）。

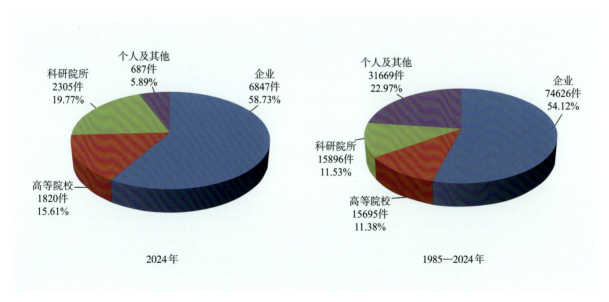

图26　2024年和1985—2024年草原专利的申请人构成统计

5. 地域分析

对全国31个省（自治区、直辖市）的草原专利申请公开量的分析结果显示，2024年各省（自治区、直辖市）公开的草原专利中，江苏的专利量最多，共1313件，其次是山东（1014件）和浙江（874件），排名前10位的省（自治区、直辖市）还包括内蒙古（853件）、广东（805件）、北京（561件）、安徽（510件）、甘肃（428件）、云南（421件）、河南（411件）。截至2024年年底，江苏的专利量最多，共19664件，其次是浙江（13247件），此外山东、广东的草原专利公开量也较多，均在10000件以上（表27）。

表27　1985—2024年全国各省（自治区、直辖市）草原专利公开量统计　　　　单位：件

排名	省（自治区、直辖市）	专利总量	公开年份				
			2020	2021	2022	2023	2024
1	江苏	19664	1752	1786	1402	1105	1313
2	浙江	13247	1285	1025	923	799	874
3	山东	10610	780	983	1111	904	1014
4	广东	10152	1090	1120	1187	802	805
5	安徽	7781	602	667	547	536	510
6	北京	5529	394	430	542	490	561
7	河南	5174	456	562	707	492	411
8	四川	4167	323	385	432	364	387
9	内蒙古	4059	330	491	465	497	853
10	福建	3951	422	340	367	309	194
11	湖北	3703	284	319	498	385	387
12	广西	3489	176	219	290	181	174
13	湖南	3362	322	327	357	276	195
14	云南	3344	278	428	664	598	421
15	甘肃	3296	318	381	359	305	428
16	黑龙江	3230	231	316	329	256	310
17	上海	3175	269	299	299	295	265
18	河北	3026	356	400	417	288	356
19	辽宁	2579	157	245	213	163	177
20	陕西	2332	174	213	237	194	225
21	贵州	2194	190	229	239	211	145
22	江西	2087	252	302	256	212	159
23	天津	2087	164	152	126	104	105
24	新疆	1773	118	182	201	179	269

(续)

排名	省（自治区、直辖市）	专利总量	公开年份				
			2020	2021	2022	2023	2024
25	吉林	1332	93	152	170	120	142
26	重庆	1232	150	230	184	201	149
27	宁夏	1185	115	153	205	183	178
28	山西	1018	108	125	93	81	103
29	青海	777	124	121	114	68	103
30	海南	682	74	101	112	94	98
31	西藏	341	44	48	37	63	59

国际植物新品种统计分析

国际植物新品种保护联盟（UPOV）2024年10月25日发布《植物新品种保护统计（2019—2023）》，对联盟成员过去5年的植物新品种受理量和授权量等数据进行了统计（表28）。

表28 2019—2023年UPOV成员植物新品种受理量和授权量统计   单位：件

序号	成员	受理量			授权量		
		本地居民	非本地居民	合计	本地居民	非本地居民	合计
1	中国	54052	3148	57200	21072	1950	23022
2	欧盟	13009	3482	16491	11647	3054	14701
3	美国	4145	3303	7448	4373	3655	8028
4	乌克兰	1902	2992	4894	2156	2840	4996
5	荷兰	3165	815	3980	2673	451	3124
6	俄罗斯	2805	1149	3954	2638	711	3349
7	日本	2358	1227	3585	1869	983	2852
8	英国	2510	737	3247	937	22336	23273
9	韩国	2646	585	3231	2227	359	2586
10	阿根廷	1534	626	2160	402	222	624
11	加拿大	424	1435	1859	210	879	1089
12	巴西	1059	681	1740	665	489	1154
13	澳大利亚	651	840	1491	513	566	1079
14	南非	232	1211	1443	263	1107	1370
15	土耳其	679	598	1277	647	535	1182
16	墨西哥	301	844	1145	315	926	1241
17	越南	676	280	956	329	122	451

（续）

序号	成员	受理量			授权量		
		本地居民	非本地居民	合计	本地居民	非本地居民	合计
18	波兰	431	242	673	345	54	399
19	哥伦比亚	82	505	587	47	395	442
20	法国	471	81	552	376	46	422
21	新西兰	180	340	520	164	277	441
22	智利	58	444	502	36	418	454
23	乌兹别克斯坦	440	28	468	221	6	227
24	以色列	247	165	412	174	124	298
25	厄瓜多尔	35	352	387	19	164	183
26	肯尼亚	41	344	385	62	234	296
27	摩洛哥	15	357	372	9	398	407
28	瑞士	39	324	363	46	293	339
29	西班牙	245	72	317	208	49	257
30	乌拉圭	75	228	303	77	230	307
31	捷克	227	36	263	253	32	285
32	秘鲁	72	188	260	39	188	227
33	埃及	102	140	242	76	128	204
34	塞尔维亚	6	229	235	9	233	242
35	德国	150	42	192	118	36	154
36	罗马尼亚	181	0	181	185	0	185
37	保加利亚	140	0	140	135	0	135
38	匈牙利	138	2	140	118	3	121
39	白俄罗斯	68	66	134	68	39	107
40	巴拉圭	34	96	130	28	84	112
41	摩尔多瓦	72	28	100	115	23	138
42	挪威	11	87	98	12	94	106
43	突尼斯	7	83	90	4	84	88
44	约旦	11	62	73	0	53	53
45	尼加拉瓜	70	0	70	16	0	16
46	格鲁吉亚	7	58	65	0	17	17
47	多米尼加	28	29	57	10	14	24
48	非洲知识产权组织	6	48	54	1	16	17
49	拉脱维亚	34	9	43	13	7	20
50	阿塞拜疆	42	0	42	42	0	42

(续)

序号	成员	受理量			授权量		
		本地居民	非本地居民	合计	本地居民	非本地居民	合计
51	丹麦	19	23	42	14	9	23
52	哥斯达黎加	3	37	40	6	22	28
53	意大利	34	6	40	0	0	0
54	立陶宛	37	3	40	38	3	41
55	克罗地亚	38	0	38	29	0	29
56	斯洛伐克	35	0	35	40	0	40
57	坦桑尼亚	9	25	34	5	20	25
58	爱沙尼亚	9	21	30	9	15	24
59	芬兰	14	11	25	23	10	33
60	玻利维亚	9	15	24	9	15	24
61	爱尔兰	14	10	24	10	3	13
62	吉尔吉斯斯坦	14	5	19	10	0	10
63	新加坡	2	16	18	2	10	12
64	瑞典	8	4	12	5	5	10
65	比利时	9	0	9	14	0	14
66	巴拿马	0	7	7	1	5	6
67	波黑	3	0	3	0	0	0
68	葡萄牙	0	2	2	1	1	2
69	斯洛文尼亚	1	0	1	1	0	1
70	阿尔巴尼亚	0	0	0	0	0	0
71	奥地利	0	0	0	2	0	2
72	加纳	0	0	0	0	0	0
73	冰岛	0	0	0	0	0	0
74	黑山	0	0	0	0	0	0
75	北马其顿	0	0	0	0	0	0
76	阿曼	0	0	0	0	0	0
77	特立尼达和多巴哥	0	0	0	0	0	0
78	圣文森特和格林纳丁斯	0	0	0	0	0	0
	合计90	96171	28823	124994	56181	45042	101223

备注：1.在2023年英国的授权量中包含由欧盟在过渡期结束前（2020年12月31日）授予并由英国保留的植物新品种权，这些权利被称为"保留的欧盟植物新品种权"，是英国与欧盟之间的脱欧协议的一部分；2.对美国植物新品种和植物专利进行了合并计算；3.UPOV成员按受理量排序。

截至2023年年底，UPOV成员共受理植物新品种申请533188件，授权388487件，授权植物新品种中201580件权利已经终止，195356件权利仍然有效。近5年来（2019—2023年），中国、欧盟和美国位居受理量和授权量的前3位，中国植物新品种的受理量和授权量均快速稳步增长，欧盟和美国保持稳定（图27，图28）。

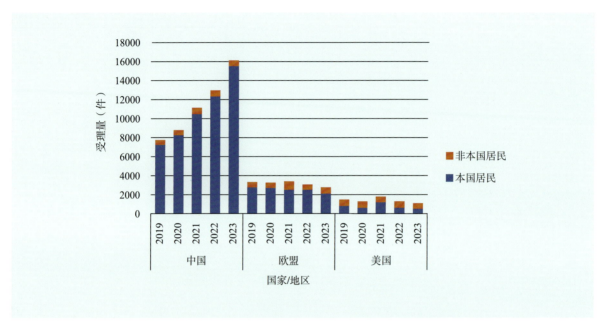

图27　2019—2023年中国、美国、欧盟植物新品种受理量

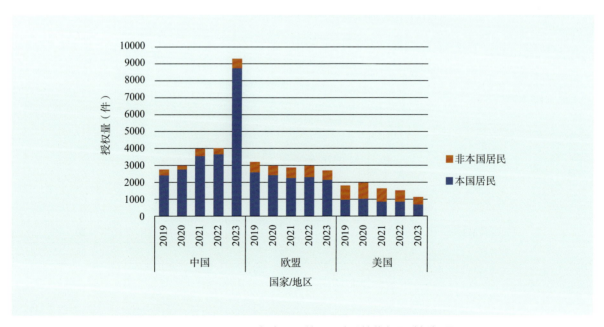

图28　2019—2023年中国、美国、欧盟植物新品种授权量

2023年，UPOV成员海外植物新品种申请量和授权量最多的是荷兰（提交申请1222件、获得授权1108件）和美国（提交申请1221件、获得授权1124件），遥遥领先于其他国家，中国的海外植物新品种申请和授权均较少（表29）。

表29 2023年UPOV成员海外植物新品种申请量和授权量统计　　　　　　　　　　单位：件

序号	申请人所属国	国外申请量	国外授权量
1	荷兰	1222	1108
2	美国	1221	1124
3	瑞士	539	447
4	法国	483	459
5	德国	425	360
6	日本	189	218
7	英国	180	191
8	澳大利亚	148	172
9	西班牙	148	128
10	以色列	85	97
11	加拿大	52	72
12	丹麦	52	29
13	阿根廷	50	33
14	意大利	49	70
15	新西兰	49	51
16	比利时	39	23
17	巴西	39	38
18	秘鲁	31	1
19	南非	28	20
20	韩国	25	21
21	中国	24	30
22	哥伦比亚	16	1
23	加纳	11	1
24	波兰	11	23
25	白俄罗斯	10	3
26	爱尔兰	10	6
27	葡萄牙	10	0
28	奥地利	9	15
29	墨西哥	8	4
30	捷克	7	12
31	罗马尼亚	5	20
32	智利	4	4
33	巴拉圭	4	1
34	芬兰	2	0
35	摩洛哥	2	1
36	尼加拉瓜	2	0
37	瑞典	2	2
38	斯洛伐克	2	1
39	土耳其	2	12
40	圣文森特和格林纳丁斯	2	2

2024年授权林草植物新品种展示

　　自我国建立植物新品种保护制度以来,一大批优良林草植物新品种不断涌现,在提升种苗产业、助力乡村振兴、推动国土绿化、建设美丽中国、维护生态安全等方面发挥了积极作用。为充分发挥林草植物新品种的引领示范作用,推进林草植物新品种转化运用水平,对2024年授权林草植物新品种进行展示。由于本书篇幅有限,仅对其中70个授权植物新品种进行展示。

夏茉芬芳

属 安息香属

申请日：2021年4月14日　　**申请号**：20210222
品种权号：20240453　　**授权日**：2024年12月25日
授权公告号：国家林业和草原局公告（2024年第16号）
授权公告日：2024年12月25日　　**品种权人**：南京林业大学
培育人：许晓岗、童丽丽

品种特征特性：落叶灌木或小乔木。树高4～8m。树皮呈灰褐色，平滑。叶互生，叶片长椭圆状至卵状椭圆形，叶顶端急尖或钝渐尖，基部楔形或宽楔形，长4～10cm，宽2～5cm，叶缘近全缘或仅于上半部具疏离锯齿，上面除叶脉疏被星状毛外，其余无毛而稍粗糙。总状花序顶生，花序总梗长1.5～2.5cm，有花5～8朵，白色，花径2.6～3.5cm，花瓣4～9（半重瓣），芳香浓郁；无毛，花梗纤细，开花时下垂；花萼漏斗状。花期4～6月。

广花清丽

属 白鹤芋属

申请日：2022年5月9日　　**申请号**：20220448

品种权号：20240670　　**授权日**：2024年12月25日

授权公告号：国家林业和草原局公告（2024年第16号）

授权公告日：2024年12月25日　　**品种权人**：广州花卉研究中心

培育人：周晓云、夏晴、易懋升、宿庆连、黄明翅、陈一新、顾梦云、范正红、谢伟平、陈剑华、罗发强、林素青

品种特征特性：在设施栽培条件下，每盆种植10～12cm穴盘苗4株，分蘖性强，抽花量多且整齐度高；佛焰苞白色、尖端及主脉中下部绿色、光泽度强。冬春季种植4个月左右催花，平均叶丛高27.3cm，冠幅45.1cm，分蘖数28.3株，叶片长16.4cm，宽4.1cm。花高于叶，佛焰苞长10.4cm，宽3.8cm，肉穗花序长2.8cm、中部直径10.2mm。夏秋季种植3个月左右催花，平均叶丛高30.9cm，冠幅40.5cm，分蘖数42株，叶片长18.9cm，宽4.1cm，花高于叶，佛焰苞长10.7cm，宽4cm，肉穗花序长3.2cm、中部直径10.4mm。

艳 莎

属 百子莲属

申请日：2022年11月14日　　申请号：20221557
品种权号：20240803　　授权日：2024年12月25日
授权公告号：国家林业和草原局公告（2024年第16号）
授权公告日：2024年12月25日
品种权人：上海市园林科学规划研究院、上海上房园林植物研究所有限公司
培育人：陈香波、申瑞雪、陆牡丹、尹丽娟、吕秀立、李秋静、张冬梅

品种特征特性：常绿、多年生草本。具根茎。叶二列状基生、舌状带形；单芽叶数5～6，叶基着生紧密；成熟叶片长18～24cm，宽1.3～1.9cm，叶片弯曲度中等，叶色中绿色。花序梗长35～45cm，粗0.5～0.8cm，横截面宽椭圆形；单花序小花数35～75，花序呈扁球形，小花花梗挺直，开放时花头向外平展或略下垂；花序横径15～19cm，纵径7～10cm，花序横纵径比1.9～2.3；花色粉紫色，花被片内侧中条颜色粉紫，内侧边缘区主色浅粉紫；小花花被长4～4.5cm，花冠筒长1.5～2cm，花被裂片长2～3cm，宽0.8～1.1cm，小花花径3～4cm；花漏斗形，花药紫色。花期6～7月，6月下旬为盛花期。

白兰鸽

属 报春苣苔属

申请日：2022年8月26日	申请号：20221129
品种权号：20240302	授权日：2024年4月25日
授权公告号：国家林业和草原局公告（2024年第12号）	
授权公告日：2024年4月25日	品种权人：北京林业大学
培育人：罗乐、张启翔、何栋、白梦、李悦雅	

品种特征特性：多年生莲座状草本。叶浅绿色，脉络清晰，长19.1～24.9cm，宽5.3～7.3cm，叶柄长4.0～8.0cm。花冠浅粉红色至淡紫色，长3.5～3.5cm，花径2.8～4.5cm，花序梗的高度相对均匀。盛花期1～3月。'白兰鸽'报春苣苔具有明显的杂种优势，它结合了母本花大、花序梗坚韧，父本植株莲座状、花量大、花朵密集的特点，极具观赏性。喜温暖湿润，适宜作为盆栽在室内应用。

烈 焰

属 大戟属

申请日：2021年12月11日	申请号：20211498
品种权号：20240593	授权日：2024年12月25日
授权公告号：国家林业和草原局公告（2024年第16号）	
授权公告日：2024年12月25日	品种权人：缤纷园艺（中国）有限公司
培育人：张卫华	

品种特征特性：优于以往的中叶虎刺梅品种，主要表现在花粉白色，叶深绿色，分枝络较强，周年开花且同期花量较多，苞片较大，刺较软，生长整齐速度极快，抗病虫害，对环境适应能力强，即可耐阴，又耐高光照生长，一般适宜于10～12cm盆径种植。

美 蓝

属 丁香属

申请日：2022年12月26日	申请号：20221804
品种权号：20240849	授权日：2024年12月25日
授权公告号：国家林业和草原局公告（2024年第16号）	
授权公告日：2024年12月25日	品种权人：中国科学院植物研究所
培育人：崔洪霞	

品种特征特性：植株矮小，3～5年生苗低位嫁接时株高低于0.8～1.0m。当年生枝紫红色，细短密集，二年生嫁接苗即呈圆球形且植株着花繁密。叶片小，近扁圆形，多数叶片两对叶脉基出，叶片周缘具花青素镶边，叶缘具毛。花冠裂片上面颜色与花冠管颜色反差明显，花冠裂片上面呈粉紫红色，花冠管呈暗紫红色；花冠裂片略长，近条带形，裂片周缘匙形略长、略深；裂片先端具喙，并多呈捏合状。

磨盘金光

属 冬青属

申请日：2021年9月8日　　申请号：20211003
品种权号：20240063　　授权日：2024年4月25日
授权公告号：国家林业和草原局公告（2024年第12号）
授权公告日：2024年4月25日　　品种权人：句容市磨盘山林场
培育人：范文杰、马文明、朱树林、韩小飞、葛明华、郭江艳、白雪峰、卞晶晶、徐献刚、阴启星

品种特征特性： 常绿高大乔木。树冠卵形。叶革质，披针形，长5～10cm，宽2～4cm，先端渐尖，基部楔形，边缘具圆齿；春季新叶金黄色，夏秋季成熟叶黄绿色或黄色与绿色镶嵌色；果长球形，成熟时红色。花期5～6月，果期7～12月。

'磨盘金光'（左）与对照（原种）（右）

翠湖紫鸥

属 杜鹃花属

申请日：2022年5月24日　　申请号：20220528
品种权号：20240158　　授权日：2024年4月25日
授权公告号：国家林业和草原局公告（2024年第12号）
授权公告日：2024年4月25日　　品种权人：云南省农业科学院花卉研究所
培育人：张颢、彭绿春、李世峰、解玮佳、宋杰、张露、许凤

品种特征特性：常绿灌木。枝条中等密集，当年生枝表皮绿色。叶片长披针形，纸质，叶端渐尖，叶基楔形，叶缘光滑。花序总状伞形，花朵开阔漏斗形，花瓣椭圆形；其花冠颜色为紫色，中心裂片上有黄绿色纹饰，雄蕊为紫色。在云南的盛花期为4月。

甬彩2号

属 杜鹃花属

申请日：2022年11月11日　　申请号：20221542
品种权号：20240794　　授权日：2024年12月25日
授权公告号：国家林业和草原局公告（2024年第16号）
授权公告日：2024年12月25日
品种权人：浙江万里学院、宁波北仑亿润花卉有限公司
培育人：谢晓鸿、吴月燕、周若一、沃科军、沃绵康

品种特征特性：常绿灌木。枝条中等密集，当年生枝表皮绿色，具白灰色毛。叶片椭圆形，纸质，密被灰白色毛，叶尖突尖，叶基楔形，叶缘光滑。花簇生于枝条顶端成伞形，萼片完整；花朵很大，花径约6.5cm，开阔漏斗形；重瓣花，花瓣卵形，复色花，花苞时外轮花瓣紫粉色，花开后大都呈淡紫粉色，外两轮花瓣中部以下都呈漏斗状，花瓣裂片内饰红色斑点；雄蕊瓣化，花柱白色，柱头呈绿色，子房密被白色茸毛。在宁波的盛花期为4月上旬。

晓山青

属 杜鹃花属

申请日：2022年8月29日　　申请号：20221161

品种权号：20240748　　授权日：2024年12月25日

授权公告号：国家林业和草原局公告（2024年第16号）

授权公告日：2024年12月25日

品种权人：江苏省农业科学院、嘉善联合农业科技有限公司

培育人：刘晓青、沈勇、李畅、苏家乐、何丽斯、周惠民、孙晓波、郭臻昊

品种特征特性： 半常绿植物。植株高度中等，株形紧凑美观，长势较为健壮。新生枝条绿色，2年生枝条褐色。叶常二型（春生叶大，夏生叶小），幼叶淡绿色，老叶深绿色，秋冬季叶片变为紫红色，绒毛或糙伏毛较多，叶片无光泽感，成熟叶片长椭圆形，宽0.8～1.2cm，长1.5～2.0cm；叶片基部楔形，叶柄0.5～0.8cm。花2～3朵聚生于枝顶，花色为艳丽的红紫色，萼片瓣化为花瓣，花冠类型为套筒；雄蕊10枚左右，近等长于雌蕊，花药红色；雌蕊1枚，柱头盘状，红色，花径4.5～5.0cm，花梗较长。

小 宝

属 杜鹃花属

申请日：2022年8月10日　　**申请号**：20220988

品种权号：20240738　　**授权日**：2024年12月25日

授权公告号：国家林业和草原局公告（2024年第16号）

授权公告日：2024年12月25日　　**品种权人**：金华市永根杜鹃花培育有限公司

培育人：方永根

品种特征特性：常绿灌木状。分枝均匀，株形紧凑，长势一般。当年生枝表皮颜色绿色，具灰白色表皮毛，成熟枝转灰褐色，老枝干灰褐色。新芽、新叶淡绿色，正反面无伏毛，成熟叶转深绿色。成熟叶倒卵形，叶面稍内凹，有光泽，叶纸质；叶尖突尖，叶基宽楔形，叶缘距基部1/3无锯齿，叶缘有睫毛；叶片宽度中等，叶片长宽比例近2∶1，叶柄上面有槽，叶柄短。着花数目多，花无二次花，顶生花苞单开3～4朵，花形为套筒阔漏斗形，花冠外轮裂片占总花长的1/2，内裂片占总花长的1/2，花冠红色，花冠裂片内有红褐色花饰；花径4cm左右，中花，花萼瓣化，雄蕊没有瓣化，数量5枚左右，雌蕊近等长雄蕊，花柱红紫色；雄蕊花丝底部无被毛，花药棕色，柱头红棕色，雌蕊花柱下部无毛。在金华始花期为3月下旬，落叶期晚。

罗裳

属 杜鹃花属

申请日：2022年5月24日　　申请号：20220531
品种权号：20240690　　授权日：2024年12月25日
授权公告号：国家林业和草原局公告（2024年第16号）
授权公告日：2024年12月25日　　品种权人：云南省农业科学院花卉研究所
培育人：彭绿春、宋杰、李世峰、解玮佳、王继华、张露、李绅崇

品种特征特性：常绿灌木。枝条中等密集，当年生枝表皮绿色。花冠裂片颜色为紫色，花冠顶部裂片内纹饰密、紫色，雌蕊柱头深紫色，花药淡紫色。在云南的盛花期为4月。

朱砂西子腮

属 杜鹃花属

申请日：2021年11月25日 申请号：20211439
品种权号：20240580 授权日：2024年12月25日
授权公告号：国家林业和草原局公告（2024年第16号）
授权公告日：2024年12月25日
品种权人：浙江农林大学、嘉善联合农业科技有限公司
培育人：沈勇、赵宏波、方遒、王艺光、董彬、钟诗蔚、杨丽媛、肖政

品种特征特性：株形美观，枝条张开度中等，一年生枝条浅绿色，2年生枝条褐色。幼叶淡绿色，老叶深绿色，绒毛或糙伏毛较多；叶片倒卵形，宽1.5~2.3cm，长3.1~4.2cm；花3~4朵聚生于枝顶，花色为清新的粉红色，萼片瓣化程度近等大，单花形态为漏斗形，花冠套筒形；雄蕊5枚不等长，且近等长于雌蕊，雌蕊1枚；花药红褐色，花柱淡色，柱头黄色；上部裂片有深色斑点，花径3~3.5cm。

仲林4号

属 杜仲

申请日：2022年6月29日　　申请号：20220720

品种权号：20240242　　授权日：2024年4月25日

授权公告号：国家林业和草原局公告（2024年第12号）

授权公告日：2024年4月25日

品种权人：中国林业科学研究院经济林研究所

培育人：杜红岩、杜庆鑫、王璐、杜兰英、刘攀峰、孙志强、朱景乐、庆军

品种特征特性：树形独特，枝条扭曲程度高。叶长椭圆形，叶基楔形，叶尖尾尖；芽圆形，2月下旬萌动，雄花期3月下旬至4月上旬，雄花簇生于当年生枝条基部，每芽雄蕊数80~93个，雄花先端呈紫红色，花叶同放。

华仲29号

属 杜仲

申请日：2022年6月29日　　**申请号**：20220719
品种权号：20240241　　**授权日**：2024年4月25日
授权公告号：国家林业和草原局公告（2024年第12号）
授权公告日：2024年4月25日
品种权人：中国林业科学研究院经济林研究所
培育人：王璐、杜兰英、刘攀峰、杜庆鑫、杜红岩、孙志强、朱景乐、庆军

品种特征特性：萌芽力强，成枝力强。芽长圆锥形，3月上中旬萌动。叶片绿色，卵形，长8～13cm，宽5～7cm。果实椭圆形，果顶无明显卷曲，果实长2.8～3.6cm，宽1～1.2cm，成熟果实千粒质量90.4g。果皮中橡胶含量20.5%～24.0%，种仁粗脂肪含量29%～31%，其中，亚麻酸含量62%～65%。果实9月中旬至10月上旬成熟。结果早，高产稳产。嫁接苗或高接换雌后2～3年开花，第四至第六年进入盛果期，盛果期每亩年产果量达170～220kg。

秋 美

属 枫香属

申请日：2021年9月8日　　　**申请号**：20211004
品种权号：20240512　　　　**授权日**：2024年12月25日
授权公告号：国家林业和草原局公告（2024年第16号）
授权公告日：2024年12月25日
品种权人：中国林业科学研究院林业研究所、安徽省林业科技推广总站、黄山学院
培育人：郑勇奇、房震、潘健、翟大才、郭香吟、赖玖鑫、黄平、林富荣、顾桃红、何芝兰、柏晓辉、吴锦菲、崔珺、陈艳荣

品种特征特性：落叶乔木。植株树体矮小，植株分枝姿态斜上伸展。叶片小，长5cm，宽7cm，叶缘形态向上翻卷；夏季成熟叶上表面主色为绿黄色，秋季叶片色红而整齐；叶裂片数常3裂，偶见5裂，叶裂深度中等；中裂片与邻侧裂片夹角大，形状为卵形，顶端形状为长渐尖，叶基部平截。

大唐含雪

属 含笑属

申请日：2022年6月5日　　**申请号**：20220577
品种权号：20240183　　**授权日**：2024年4月25日
授权公告号：国家林业和草原局公告（2024年第12号）
授权公告日：2024年4月25日　　**品种权人**：陕西省西安植物园
培育人：谢斌、王亚玲、冯胜利、丁芳兵、叶卫、樊璐

品种特征特性：常绿乔木。株形窄圆锥形，高2～3.5m。树皮灰褐色，具皮孔，一年生小枝绿色，2～3年生小枝褐绿色，皮孔明显。顶芽、花梗、佛焰苞均密被棕红色短绒毛。叶略波状，上面深绿色，背面灰绿色，叶背中脉白色柔毛；叶椭圆形或倒卵状椭圆形，先端渐尖，在叶脉处凹陷，基部楔形；叶长6～17cm，宽2.3～6.3cm，叶片近平展，叶柄长1.2～3cm；托叶痕1.8～2.2cm，托叶痕长与叶柄长比为1∶1.36～1∶1.6。花蕾斜上腋生，卵圆形或椭圆形，被红棕色绒毛，长1.8～2.6cm，径1.2cm；花被片白色，肉质，6～8片，花开杯状，径6～8cm，内外轮花被片几同形，近等长，长圆形，淡香，花密。花期3月中旬至4月上旬，6月下旬至8月中旬，果实未见。

绿 英

属 红豆杉属

申请日：2023年2月13日　　申请号：20230105
品种权号：20240859　　授权日：2024年12月25日
授权公告号：国家林业和草原局公告（2024年第16号）
授权公告日：2024年12月25日　　品种权人：张彦文、胡乃华、李娟
培育人：张彦文、胡乃华、李娟

品种特征特性：叶片较普通日本红豆杉明显更长，浓绿且表面光亮，在枝上密集轮生；叶距和芽距极短，导致其枝叶自然成朵、成球，立体感特强。果实密生，多豆成串，如同冰糖葫芦。枝条如同龙柏一样，有扭曲升腾之势，自然成型。枝条强壮，生长速度快，抗病力强。分子系统树研究表明，该变异株来自日本红豆杉的自然变异。

绿 俏

属 黄精属

申请日：2021年6月21日　　申请号：20210509
品种权号：20240486　　授权日：2024年12月25日
授权公告号：国家林业和草原局公告（2024年第16号）
授权公告日：2024年12月25日　　品种权人：三明市农业科学研究院
培育人：周建金、叶炜、罗晓锋、廖承树、乔锋、江金兰、颜沛沛、杨学、王培育

品种特征特性：4年生'绿俏'物候期：从出苗到倒苗的生长期为185天，3月中旬至4月上旬为抽芽期，4月上旬至5月中旬为花期（蕾期到败花），5月中上旬至9月下旬为挂果期，9月中旬至10月上旬为倒苗期。株形直立约25cm后倾斜，平均株高31.2～39.7cm。单叶互生，披针形或长披针形，先端渐尖，长9.33～18.5cm，宽2.26～4.3cm，长宽比3.01：5.00；叶两面无毛，绿色。茎秆绿色，长36.2～54.3cm，粗0.42～0.72cm。腋生伞形花序，每花序2～4花，整株10～26朵；总花梗长1.17～2.54cm，花梗长0.57～2.27cm；花被黄绿色，倒钟形，花裂片向内皱缩，花被长2.5～3.0cm，子房长0.4～0.6cm，花柱长1.1～1.5cm，花药顶端具囊状突起。果由绿转黑后成熟，果实圆球形，直径0.5～1.17cm，内含种子1～9粒。地下块茎圆盘形，肥厚粗壮，分节，节间长1.64～2.87cm，节粗3.62～5.18cm。

金虎蹄

属 蜡梅

申请日：2022年4月18日 **申请号**：20220376
品种权号：20240100 **授权日**：2024年4月25日
授权公告号：国家林业和草原局公告（2024年第12号）
授权公告日：2024年4月25日
品种权人：河南省林业科学研究院、河南御梅苑实业有限公司
培育人：沈植国、石发良、孙萌、石楠、丁鑫、程建明、李留振

品种特征特性：落叶灌木。株形半开张。叶片椭圆形，叶脉清晰，嫩叶及成熟叶均为绿色，基部宽楔形，下表面无毛，上表面无光亮。花碗形，单生，花径中等；中被片蜡质，卵形，长度中等，数量中等，先端尖、内曲，边缘内扣，覆瓦状排列，伸展角度中等；内被片卵形，长度中等，先端尖，复色，浓黄色，次色为红色，次色位置全部条纹分布，分布面积中等；花药椭球形，黄白色，花药花丝长度比1∶2；花香为甜香。

楚天红日

属 李属（除水果外）

申请日：2022年5月12日　　申请号：20220470

品种权号：20240146　　授权日：2024年4月25日

授权公告号：国家林业和草原局公告（2024年第12号）

授权公告日：2024年4月25日　　品种权人：武汉市园林科学研究院

培育人：聂超仁、孙宏兵、夏文胜、章晓琴、王建强、李娜、张思思、丁昭全、周俐

品种特征特性：落叶乔木。高3～10m，半开张。树皮紫褐色，无光泽，皮孔横向排列，树干有纵裂纹。叶片倒卵状椭圆形，长4～7cm，先端渐尖，基部心形，有尖锐单锯齿，常稍不整齐，上面绿色，下面淡绿色，无毛，侧脉8～12对；叶柄无毛，紫红色，上端有1对腺体。先花后叶，花梗长1.6～2.1cm，淡红绿色；萼筒钟形，红色，萼片紫红色，长卵状三角形，盛开时反折；伞房花序，有2～3朵小花，花冠碗形，花径中等，3～3.5cm，花蕾紫红色，花瓣红色，卵形，盛开时花瓣相交。本品种具有较高的观赏价值。花期早，在武汉市2月下旬开花。

银河落

属 李属

申请日：2022年6月9日　　**申请号**：20220600

品种权号：20240692　　**授权日**：2024年12月25日

授权公告号：国家林业和草原局公告（2024年第16号）

授权公告日：2024年12月25日

品种权人：韶关市旺地樱花种植有限公司、英德市旺地樱花种植有限公司、广州天适集团有限公司

培育人：胡晓敏、叶小玲、熊育明、朱军、何冠霖、叶小霞、杨梓滨

品种特征特性：落叶小乔木。树形舒展。树皮灰褐色。一年生枝细。总状花序，有花3~7朵，5~6朵为主，先叶开放；花开张、平盘形，花径2.7（2.0~3.3）cm；花瓣5枚，白色，卵形，长1.3（1.1~1.5）cm，宽1.1（0.9~1.3）cm，先端二裂啮齿或突尖，基部宽楔形；总梗长度中等，长1.5（0.6~3.1）cm，花梗长1.6（0.9~2.4）cm，无毛；萼筒管状，长5.8（3.5~7.0）mm，宽2.8（1.5~4.5）mm，无毛；萼片紫红色，卵状三角形，长4.9（3.5~6.0）mm，宽2.7（2.0~4.0）mm，平展，全缘，边缘无毛或疏被毛；雌蕊1枚，低于雄蕊，花柱无毛；雄蕊29~45枚。花期3月中下旬，果期4月。

冀翘4号

属 连翘属

申请日：2022年7月13日　　申请号：20220796

品种权号：20240261　　授权日：2024年4月25日

授权公告号：国家林业和草原局公告（2024年第12号）

授权公告日：2024年4月25日

品种权人：河北省农林科学院经济作物研究所

培育人：刘铭、刘灵娣、田伟、姜涛、贾东升、温春秀、谢晓亮

品种特征特性：中熟品种。株高220～245cm，生长势强，茎半直立；分枝数3～4个。叶为单叶和三小叶复叶、叶片较厚，深绿色、卵圆形；叶基部圆形；叶缘具细锯齿；叶脉与叶片同色。节间髓中空、节上髓实心。花黄色，花裂片卵形，花柱长。蒴果绿色、长卵圆形。染色体二倍体。抗性强，7年生平均单株产量3.92kg。

国 红

属 栾树属

申请日：2022年7月19日　　申请号：20220813

品种权号：20240264　　授权日：2024年4月25日

授权公告号：国家林业和草原局公告（2024年第12号）

授权公告日：2024年4月25日

品种权人：中国林业科学研究院经济林研究所

培育人：岳华峰、王玉忠、杨超伟、班龙海、郑智龙、高秀云、李春方、刘冰、陈尚凤、张艺凡、刘万海、杨海青、赵道云、王英英、王敬占、刘兰芝、吴创业

品种特征特性：高大乔木。长势强，主干通直，植株扁椭球形。枝条密度中，斜向上生长，当年生枝及节间长度中等，一年生枝粗壮、褐绿色。二回羽状复叶，纸质，互生，长45～70cm，小叶9～17片，长3.5～7cm，宽2～3.5cm，边缘有内弯的小锯齿，春季初生新叶紫红色，夏季成熟叶墨绿色，幼叶焦黄程度弱，小叶不连体，叶片平展。花瓣数4，圆锥花序，大型，密度中等。果实椭圆形，长4～7cm，宽3.5～5cm，幼果紫红色，成熟时鲜红色，果面光滑。花期9月，果期9～10月。抗寒性中等。

川草7号

属 苜蓿属

申请日：2021年9月2日　　　申请号：20210993

品种权号：20240511　　　授权日：2024年12月25日

授权公告号：国家林业和草原局公告（2024年第16号）

授权公告日：2024年12月25日　　　品种权人：四川省草原科学研究院

培育人：鄢家俊、白史且、张劲、李英主、王强、敖学成、闫利军、李达旭、张建波、游明鸿

品种特征特性：多年生草本。根粗壮，深入土层，根颈发达，生长类型为直立茎四棱形，枝叶茂盛。羽状三出复叶；叶片卵状披针形，先端锐尖，基部全缘或具1～2齿裂，脉纹清晰；叶柄比小叶短；小叶中等倒卵圆形，纸质，先端钝圆，具由中脉伸出的长齿尖，基部狭窄，楔形，边缘1/3以上具锯齿，上面无毛，深绿色，下面被贴伏柔毛，顶生小叶柄比侧生小叶柄略长。花序总状或头状，总花梗挺直，比叶长；花冠各色：淡黄色、深蓝色至暗紫色，花瓣均具长瓣柄，旗瓣长圆形，先端微凹，明显较翼瓣和龙骨瓣长，翼瓣较龙骨瓣稍长；子房线形，具柔毛，花柱短阔，上端细尖，柱头点状，胚珠多数。荚果螺旋状紧卷，脉纹细，不清晰，熟时棕色；有种子10～20粒。种子卵形，平滑，黄色或棕色。

清凉一夏

属 苹果属（除水果外）

申请日：2022年5月15日　　申请号：20220484
品种权号：20240152　　授权日：2024年4月25日
授权公告号：国家林业和草原局公告（2024年第12号）
授权公告日：2024年4月25日
品种权人：扬州小苹果园艺有限公司、南京林业大学
培育人：张往祥、陈永霞、徐天炜、刘星辰、陆晓吉

品种特征特性：冠形倒宽卵球。主枝伸展状态斜上延伸。植株结果量多，当年生枝节间长0.933~1.942cm。新叶绿色，当年生枝棕绿色，托叶脱落，椭圆形，无叶裂，成熟叶浅绿色，无花青甙着色，叶片长4.606~6.87cm，宽3.08~5.11cm，叶柄长1.285~2.25cm，叶尖尾尖，叶缘锐齿。花单瓣，压平后直径3.11~3.67cm，花瓣姿态波状，花瓣形状近圆形，花瓣重叠，无色斑；花蕾白，花瓣腹面边缘、腹面中部、腹面基部均为白色，背面颜色为白色，花形浅杯，花瓣脉纹显著。果梗2.35~2.4cm，果实横径1.98~2.05cm，果形扁球，果萼脱落，主色夏季黄绿，秋冬深红，光泽度中，挂果期长。

红蝶恋花

属 七叶树属

申请日：2022年11月27日　　申请号：20221629
品种权号：20240819　　授权日：2024年12月25日
授权公告号：国家林业和草原局公告（2024年第16号）
授权公告日：2024年12月25日
品种权人：山东省林业科学研究院、济南怡然苗木种植有限公司
培育人：毛秀红、毛欣、闫少波、陈俊强、刘琦、李玉岭、刘翠兰、仲伟国、马安宝、王静、伊九杰、王小芳

品种特征特性：落叶乔木。高达20m。树皮灰褐色。树冠宽卵球形。小枝圆柱形，黄褐色，分枝密度中等，主枝斜上伸展。芽鳞片玫红色，卷曲。幼叶紫红色；成熟叶绿色。掌状复叶，小叶一般7片，倒披针形中间小叶与基部小叶差异较大，叶边缘有细锯齿。圆锥花序较狭窄，圆柱形，长30～40cm，花瓣主色为白色，中部有黄色或玫红色晕斑。花期4月下旬至5月下旬，果期7～9月。

烟 花

属 槭属

申请日：2022年7月25日　　申请号：20220849
品种权号：20240271　　授权日：2024年4月25日
授权公告号：国家林业和草原局公告（2024年第12号）
授权公告日：2024年4月25日　　品种权人：江苏省农业科学院
培育人：闻婧、朱璐、杜一鸣、李倩中、李淑顺、马秋月、颜坤元、黎瑞

品种特征特性：以春夏季叶片颜色的丰富变化为主要观赏性状的元宝槭新品种。叶片颜色从亮红色、粉色带绿色斑点、绿色带白色花纹至绿色形成逐渐的变化。彩叶观赏期达到70天以上。

玉 帘

属 槭属

申请日：2022年9月5日　　**申请号**：20221187
品种权号：20240752　　**授权日**：2024年12月25日
授权公告号：国家林业和草原局公告（2024年第16号）
授权公告日：2024年12月25日　　**品种权人**：丰震
培育人：丰震、郝雪英、张振英、李增强

品种特征特性：落叶乔木。干性差，侧枝下垂，长势中等。当年生枝生长季红色，夏季嫩叶橘红色。叶片掌状5裂，成熟叶片上表面绿色，下表面浅绿色；叶边缘波状，叶裂较深，叶脉黄绿色，叶片尾部尾状尖；叶柄微弯，黄绿色，长度中等，粗度中等。

柠檬汁阳台

属 蔷薇属

申请日：2022年4月22日　　**申请号**：20220397
品种权号：20240107　　**授权日**：2024年4月25日
授权公告号：国家林业和草原局公告（2024年第12号）
授权公告日：2024年4月25日　　**品种权人**：玉溪迪瑞特花卉有限公司
培育人：杜秀娟

品种特征特性：多头切花月季品种，植株生长类型为矮丛直立型，嫩枝花青甙显色程度弱；皮刺数量中等，黄色。花型为千重瓣花型，花瓣数量多，51~68瓣；花黄色，花朵直径8~9cm；花朵俯视形状为圆形，花萼延伸程度为弱；花瓣为倒椭圆形（花后期为心形），花瓣里面主要颜色1种，花瓣颜色顶部颜色浅，基部颜色深；花瓣边缘波状程度无或很弱，雄蕊（花丝）黄色。

相思红月

属 蔷薇属

申请日：2023年10月11日　　申请号：20231344
品种权号：20240876　　授权日：2024年12月25日
授权公告号：国家林业和草原局公告（2024年第16号）
授权公告日：2024年12月25日
品种权人：云南云秀花卉有限公司、云南省农业科学院花卉研究所、姚安云秀花卉有限公司
培育人：罗中元、段云晟、杨海清、王其刚、王丽花、谢芸、张启国、许艺瀛、段金辉

品种特征特性：直立窄灌木。高达90~100cm，花枝长80cm~90cm。叶片深绿色，小叶数量3、5、7枚（奇数），叶片较大，叶片表面光泽度中等，尖端小叶卵圆形，叶尖渐尖，小叶边缘锯齿为复锯齿形、尖端小叶基部钝型。茎秆具皮刺，集中在枝条下部，刺数量较多，无细密刺。刺形态为平直刺，刺颜色为褐绿色。单头大花品种，花重瓣、杯状，花瓣数量30~35枚；花径8~9cm，花玫红色，花瓣圆形，花瓣基部柠檬黄色，花瓣边缘无缺刻，边缘波形较强，花朵开放时花瓣边缘反卷程度中等；花朵萼片延伸程度较弱；花梗长度中等、粗壮，花梗表面有少量刺毛；花枝茎秆绿色，粗细均匀。植株长势强，抗病性中等，较易感白粉病、灰霉病，植株产量为20枝/株·年，鲜切花瓶插期为7~10天。此品种适合于温室月季鲜切花生产。

永玫1号

属 蔷薇属

申请日：2023年9月26日　　　申请号：20231297
品种权号：20240875　　　授权日：2024年12月25日
授权公告号：国家林业和草原局公告（2024年第16号）
授权公告日：2024年12月25日　　　品种权人：永登县玫瑰研究所
培育人：凌建祥、邓育慧、甘瑞、梁铭

品种特征特性：枝条嫩绿，叶片较大。标准比色卡分析显示，比色值为239U，花色接近玫红色。多生花枝，1~6朵簇生枝端，花重瓣、花型大、花期长，5~10月，香味浓郁。耐寒性强，可在北方直接露地越冬，无须任何防冻措施，适合作为观赏性植株用于园林绿化。

方森精彩

属 蔷薇属

申请日：2022年5月17日　　**申请号**：20220506
品种权号：20240687　　**授权日**：2024年12月25日
授权公告号：国家林业和草原局公告（2024年第16号）
授权公告日：2024年12月25日　　**品种权人**：深圳市方森园林花卉有限公司
培育人：周镇平、蒋文野、胡盼

品种特征特性：直立灌木。庭院月季，单枝花苞数1~3个，植株高80~90cm。3~7小叶，叶片长10~12cm，叶脉清晰、绿色，叶表面光泽度适中；顶端小叶长椭圆形，长4~5cm，叶尖收缩明显，叶缘单锯齿，嫩枝、嫩叶红棕色。茎杆绿色，有的茎杆略有红棕色，植株茎杆有垂直刺，数量较少（20个左右），无小密刺，老枝少密刺。花红粉色，花径7~9cm，花重瓣，瓣数30~50枚，无香味，花瓣倒卵圆形，边缘反卷程度微卷；萼片边缘延伸程度适中，花梗长度4~5cm，无腺毛。植株生长势强，抗病性良好，可用作庭院、盆栽或地被种植。

冬　日

属 蔷薇属

申请日：2021年12月17日　　申请号：20211581

品种权号：20240622　　授权日：2024年12月25日

授权公告号：国家林业和草原局公告（2024年第16号）

授权公告日：2024年12月25日　　品种权人：中国农业大学

培育人：马男、孙小明、马超、张常青、高俊平、周晓锋

品种特征特性：直立灌木。庭院月季，单枝花苞数1个，植株高70～90cm。5～7小叶，叶片大小中等，叶脉清晰、绿色，叶表面光泽度中等；顶端小叶椭圆形，叶尖收缩明显，叶缘单锯齿，嫩枝淡绿色，嫩叶绿色。茎杆绿色，有的茎杆略有红棕色，植株茎杆有垂直刺，数量很少，无小密刺。花咖啡色，花径9～11cm，花瓣数26～32枚，重瓣花型，有香味，花瓣大小中等，卵圆形，边缘反卷程度不明显；萼片边缘延伸程度弱，花梗长7～8cm，无腺毛。植株生长势中等，抗病性中等，可用作庭院或切花种植。

雨 滴

属 蔷薇属

申请日：2021年12月15日　　申请号：20211548
品种权号：20240611　　授权日：2024年12月25日
授权公告号：国家林业和草原局公告（2024年第16号）
授权公告日：2024年12月25日　　品种权人：中国农业大学
培育人：周晓锋、马男、高俊平、张常青、孙小明、马超

品种特征特性：直立灌木。盆花月季，单枝花苞数1～5个，植株高10～30cm。叶片5～7小叶，叶片小，叶脉清晰、绿色，叶表面光泽度中等；顶端小叶长椭圆形，叶尖收缩明显，叶缘单锯齿，嫩枝红棕色，嫩叶红棕色。茎杆绿色，有的茎杆略有红棕色，植株茎杆有直刺，数量多，有小密刺。花粉色，花径8～10cm，花瓣数55～62枚，重瓣花型，无香味，花瓣较小，卵圆形，边缘反卷程度不明显；萼片边缘延伸程度弱，花梗长4～5cm，有腺毛。植株生长势中等，抗病性中等，可用作庭院、盆栽或地被种植。

月光美人

属 蔷薇属

申请日：2021年3月16日　　**申请号**：20210162

品种权号：20240445　　**授权日**：2024年12月25日

授权公告号：国家林业和草原局公告（2024年第16号）

授权公告日：2024年12月25日　　**品种权人**：宜良多彩盆栽有限公司

培育人：刘天平、胡明飞、罗开春、叶晓念

品种特征特性：矮生月季，植株直立，枝条有少许红色斜直刺。叶片大，上表面光泽弱，边缘波状弱，顶端小叶基部钝形，叶尖锐尖。无侧花枝，花枝少，花蕾纵切面为卵圆形，千重瓣花，花桃红色，在比色卡上的颜色代码为53C，中间花瓣为橙黄色，花直径大，花俯视形状为圆形，侧视花顶形状为微凸、花基为平，花香浓，花萼边缘延伸无或很弱，花瓣较大，宽椭圆形；雄蕊花丝主色为黄色。

迭 金

属 青冈属

申请日：2022年6月13日　　**申请号**：20220625
品种权号：20240211　　**授权日**：2024年4月25日
授权公告号：国家林业和草原局公告（2024年第12号）
授权公告日：2024年4月25日
品种权人：宁波市农业技术推广总站、宁波市鄞州邱隘柏盛家庭农场
培育人：王豪、王建军、陆云峰、沈波、黄华宏、何月秋、贾明光、赵绮、严春风

品种特征特性：常绿大乔木。树冠宝塔形，树干通直，树皮深棕黄色，有白色皮孔；根系发达且主根明显。嫩枝金黄色，小枝密生黄色星状绒毛，木栓化后表皮棕黄色。冬芽棕褐色，春芽黄白色。叶革质，倒披针形，叶缘中部以上有短芒状锯齿，锯齿5~6对，幼叶浅黄色，后转浅黄绿色，成熟后叶片金黄色，主叶脉金黄色，叶背面浅黄白色，叶柄长约0.7cm，叶片略反卷；托叶窄披针形，长约0.5cm，被黄褐色绒毛，游离于叶柄。

峰然5号

属 忍冬属

申请日：2022年5月16日　　申请号：20220492
品种权号：20240155　　授权日：2024年4月25日
授权公告号：国家林业和草原局公告（2024年第12号）
授权公告日：2024年4月25日　　品种权人：黑龙江峰然生物科技有限公司
培育人：魏殿文、王锋、谭卓然、林超、王俊芳、张静、王福德、邢昭然、骆丹、张兴悦、李娜、李贺

品种特征特性：丛状落叶灌木。植株半直立，树姿开张，生长势强，枝条密度中等，株高1.3m，冠幅1.0m。新生幼嫩枝基部黄绿色，上部紫红色，老枝深红棕色，主枝红褐色，厚皮剥落。叶片对生，卵状椭圆形，基部圆形，纸质无蜡被，正面深绿色，背面浅绿色，两面被短毛。花蕾姿态通直，花稍微下垂，两性，筒状漏斗形，着生于叶腋短梗上，花筒外面有短柔毛，花双生，相邻两花的萼筒1/2至全部合生，萼齿小，疏生柔毛和纤毛；花冠浅黄色，花筒基部膨大成囊状，裂片5。单果均重1.1~1.7g，最大2.5g，椭圆形，果形指数2.2，深蓝色，带蜡质，被白色果粉；果皮中等厚度，味酸甜，肉质细腻柔软，无苦味，可溶性固形物15.6~17.2Brix，总酸12~13.6mg/L，果汁pH3.4~3.5，花青素含量3.57mg/g，总酚7.3mg/g（以儿茶素当量），总黄酮8.9mg/g（以芦丁当量）。成熟种子红棕色，极小。果实用于鲜食，也可加工成果汁、果酱、果醋、果酒等，或作为提取花青素、黄酮等生物活性物质的原料。

德油7号

属 山茶属

申请日：2022年10月12日 申请号：20221401
品种权号：20240326 授权日：2024年4月25日
授权公告号：国家林业和草原局公告（2024年第12号）
授权公告日：2024年4月25日 品种权人：中南林业科技大学
培育人：袁德义

品种特征特性：株形开张，树冠圆球形。叶片椭圆形，部分叶片呈波浪状，先端渐尖，叶缘细锯齿，叶中等大小，长8cm，宽4cm，厚0.49mm。花单生或双生，白色，花径8～10cm，花瓣7～9枚，蒴果，球形，平均单果重29.45g，果皮棕褐色，果皮厚3.05mm，鲜出籽率50.17%，单果种子数8～12粒。种仁含油率42.78%。花期11月初至12月上旬，果熟期10月下旬。

安 高

属 山茶属

申请日：2022年6月11日　　申请号：20220621
品种权号：20240207　　授权日：2024年4月25日
授权公告号：国家林业和草原局公告（2024年第12号）
授权公告日：2024年4月25日
品种权人：广西壮族自治区林业科学研究院、广西益元油茶产业发展有限公司
培育人：叶航、黄伯高、陈国臣、马锦林、黄国容、梁斌

品种特征特性：常绿灌木。植株生长势强，圆球形。枝条斜展，柔软，新梢为红色，被浅黄色柔毛；顶芽簇生，具茸毛。叶片披针形，叶面具波浪，基部楔形，叶齿稀。花白色。果黄绿色，幼果红色，球形，子房柄短；果脐凹陷；果为中果，平均单果重12.20g，果皮很薄，平均果皮厚1.97mm，鲜出籽率43.8%；每果含种子数少。种皮棕褐色，种子百粒重237.0g。冬季开花，花期11月底至翌年2月初，单花花期3～4天。

霜降硕果

属 山茶属

申请日：2021年10月28日　　　申请号：20211185
品种权号：20240072　　　　　授权日：2024年4月25日
授权公告号：国家林业和草原局公告（2024年第12号）
授权公告日：2024年4月25日
品种权人：保山市林业和草原技术推广站、腾冲市林业和草原技术推广站
培育人：黄佳聪、杨晏平、谢胤、蒋华、万晓军、余祖华、吴建花、杨晓霞

品种特征特性：小型乔木。纺锤形树形，主干明显，生长势中庸，直立性极强。极晚熟品种，果实10月下旬霜降节令后成熟。一年生枝条平均长23cm，粗0.49cm。叶平均长9.2cm，宽3.7cm。叶柄长2.2cm，直径0.2cm。花两性，5瓣，大红色，直径8.3cm。木质蒴果呈扁圆形，3室，果型指数0.78，平均单果质量410g，每果平均籽粒数10.2粒；鲜果出风干籽率10.3%，种子出仁率70.3%，果仁出油率53.9%，果油率3.9%。

朱雀鸣夏

属　山茶属

申请日：2022年9月8日　　**申请号**：20221217
品种权号：20240313　　**授权日**：2024年4月25日
授权公告号：国家林业和草原局公告（2024年第12号）
授权公告日：2024年4月25日
品种权人：高州市品然人家农业发展有限公司、肇庆棕榈谷花园有限公司
培育人：黄万坚、蒋祖文、钟乃盛、刘信凯、黎艳玲、叶琦君、高继银

品种特征特性：常绿灌木。植株直立。嫩芽黄绿色，顶芽单生或簇生。嫩枝红褐色。叶片密度中，近螺旋状排列，上斜，大小中，质地中，厚度中，倒卵形，叶背无茸毛，叶脉显现程度中，中光泽，叶面颜色深绿，横截面平坦，叶缘细齿状，叶基楔形，叶尖阔短尾尖，叶柄短。花芽腋生和顶生，萼片黄绿色或绿色，倒卵形，覆瓦状排列；花中或大型，花径9～13cm，牡丹花重瓣型，花瓣厚度中，顶端微凹或圆，边缘全缘，倒卵形或圆形，皱褶中，瓣脉有呈现；花单色，花瓣内侧主色的颜色红色，雄蕊数量多，簇生排列，花药瓣化，柱头4或5深裂，雌、雄蕊近等高。年开花次数多次，花期中、晚或很晚，花期长，广东地区始花期6月，盛花期7～10月，末花期12月，浙江、陕西地区整体花期晚25～35天。

昆园初晖

属 山茶属

申请日：2022年7月4日　　申请号：20220753

品种权号：20240252　　授权日：2024年4月25日

授权公告号：国家林业和草原局公告（2024年第12号）

授权公告日：2024年4月25日　　品种权人：中国科学院昆明植物研究所

培育人：沈云光、王仲朗、冯宝钧、王新蕊

品种特征特性：灌木。株形紧凑，直立。叶倒卵形至长倒卵形，长6～9cm，宽3～4.5cm，先端渐尖至尾尖，基部楔形至狭楔形，叶缘锯齿明显，叶面深绿色，略呈"V"形。花桃红色，完全重瓣型，花瓣65～77枚，覆瓦状排列，瓣片圆形，先端微凹，瓣面可见清晰网脉，部分花瓣中央具宽窄不一白色条纹；花径9～10cm；雌雄蕊完全瓣化。花期11月至翌年1月。

小黄人

属：山茶属

申请日：2022年12月5日　　申请号：20221721
品种权号：20240844　　授权日：2024年12月25日
授权公告号：国家林业和草原局公告（2024年第16号）
授权公告日：2024年12月25日　　品种权人：漳州小盆友农林科技有限公司
培育人：张陈环

品种特征特性：叶中等卵形，长7.5～10.2cm，宽3～4.3cm，叶背无毛，叶脉显现程度中，叶面绿色。花淡黄色，托桂型至牡丹型，中型花，花径6.8cm～8.5cm，花芽顶生，花丝由内到外瓣化逐渐完全，花药基本瓣化，偶尔有几个没完全瓣化，雌蕊柱头开裂数3～7个，花瓣较薄。花期10月至翌年1月。

富贵抱金

属 芍药属

申请日：2022年6月29日　　申请号：20220723
品种权号：20240695　　授权日：2024年12月25日
授权公告号：国家林业和草原局公告（2024年第16号）
授权公告日：2024年12月25日　　品种权人：北京林业大学
培育人：于晓南、朱炜、张葳、朱绍才、陈启航、宋焕芝、陈乐、高凯

品种特征特性：宿根草本。株高中等偏高，70～80cm，株形紧凑，直立性一般。花茎长80～90cm，少部分花枝靠近花头部分的茎秆扭曲。二回三出复叶，中型长叶类型，顶生小叶的次级小叶数3，复叶叶柄与花枝角度中，叶片表面浅绿色；小叶先端锐尖，长椭圆形，纵向中度内卷，叶缘轻微或无波状扭曲；顶小叶基本连合。单花顶生或腋生，侧蕾1～2；花蕾紫红色，无绽口，花朵斜上；金环型，花径15cm×7cm；外轮花瓣4～6轮，花瓣紫红色，倒卵圆形，有缺刻；内瓣较窄，颜色与外轮花瓣一致，内外瓣间有一圈金黄色雄蕊；雌蕊周围也有一些正常发育的雄蕊，心皮多为5枚，绿色，柱头粉红色，可结果。单朵花期5～7天。该品种茎粗中等，花型奇特，可作庭院观赏栽培。

嫦娥奔月

属 芍药属

申请日：2021年12月2日	申请号：20211455
品种权号：20240586	授权日：2024年12月25日
授权公告号：国家林业和草原局公告（2024年第16号）	
授权公告日：2024年12月25日	品种权人：洛阳农林科学院、洛阳师范学院

培育人：张焕玲、姚俊巧、王若晗、张延召、丁建兰、马会萍、魏春梅、韩鲲、马卓华、刘大兵、韩莉娟、彭正峰

品种特征特性：植株中高，半开张型。中型长叶，小叶宽披针形，边缘有红晕。花粉蓝色，菊花型；花蕾卵圆形，大型花，花瓣多轮，卵形，由外至内，依次变窄小，基部色深，瓣端色浅；雌雄蕊正常，房衣、柱头均紫红色，房衣全包，心皮5~7枚。当年生新枝长35~40cm，粗壮直立，花朵侧开，浮于叶面，花量大，成花率高，花期早。生长势、萌蘖力强。

河洛春雪

属 芍药属

申请日：2021年10月29日　　**申请号**：20211190
品种权号：20240541　　**授权日**：2024年12月25日
授权公告号：国家林业和草原局公告（2024年第16号）
授权公告日：2024年12月25日　　**品种权人**：洛阳农林科学院、河南科技大学
培育人：王二强、刘红凡、郭亚珍、王晓晖、梁长安、庞静静、冀含乐、王茜赟、韩鲲、卢林、张艳红、侯小改、郭丽丽

品种特征特性：植株中高，直立。中型长叶，小叶长卵形，叶黄绿色，叶面、叶缘有红晕；叶柄斜伸，柄凹内深紫红色，顶小叶中裂或全裂，先端渐尖，侧小叶缺刻少。花白色，菊花型；花蕾圆尖，中型花，花色纯净，花瓣排列整齐，花头直立，高于叶面；初开花瓣基部有淡粉色晕，盛开花朵雪白；雌雄蕊正常，花丝白色，房衣紫色、全包，柱头紫红色，花香清淡，花期晚。生长势强，成花率高。

扬珑墨彩

属 芍药属

申请日：2021年10月22日 **申请号**：20211152
品种权号：20240528 **授权日**：2024年12月25日
授权公告号：国家林业和草原局公告（2024年第16号）
授权公告日：2024年12月25日 **品种权人**：扬州大学
培育人：陶俊、潘昊磊、孟家松、李苗

品种特征特性：多年生宿根草本。茎光滑，半直立。老枝绿色多，节间数9～11个，最大节间长10～22cm。二回三出复叶，小型长叶，狭卵形，革质，叶面深绿色，叶背浅绿色，小叶轻内卷，先端锐尖，叶缘中度波状。花数朵，皇冠型，紫红色，单生于枝顶，无侧蕾，斜上开放，无斑色，雄蕊未瓣化，柱头扁平，淡黄色。花期5月，果期8月。

林科炫影

属 石斛属

申请日：2021年7月13日　　　　申请号：20210624

品种权号：20240491　　　　　　授权日：2024年12月25日

授权公告号：国家林业和草原局公告（2024年第16号）

授权公告日：2024年12月25日

品种权人：中国林业科学研究院林业研究所、北京市西山试验林场管理处

培育人：郑宝强、律江、王雁、王平玺、杜小娟、马亚云

品种特征特性：性状优良，表现稳定。植株中等，茎直立，圆柱形，长30～45cm，粗1～1.3cm，不分枝，具多节。叶2列，叶形呈长椭圆形，叶绿色带有白色斑纹。总状花序常2年生老茎上部发出，具2～3朵花；花大，白色带淡紫色先端，唇盘上具1个紫红色斑块；花瓣厚实，花径4.5～5.5cm。花期长，可达30天，且不易褪色。

松 颐

属 松属

申请日：2022年5月5日 **申请号**：20220420
品种权号：20240665 **授权日**：2024年12月25日
授权公告号：国家林业和草原局公告（2024年第16号）
授权公告日：2024年12月25日 **品种权人**：广西壮族自治区林业科学研究院
培育人：杨章旗、陈虎、吴东山

品种特征特性：高大乔木。树皮褐青色，纵裂成鳞状块片剥落。枝条每年生长3～4轮，春季生长的节间较长，夏秋生长的节间较短，小枝粗壮，橙褐色，后变为褐色至灰褐色，鳞叶上部披针形，淡褐色，边缘有睫毛，干枯后宿存数年不落，故小枝粗糙。冬芽圆柱形，上部渐窄，无树脂，芽鳞淡灰色。针叶2～3针一束并存，长18～25cm，稀达30cm，径约2mm，刚硬，深绿色，有气孔线，边缘有锯齿。球果圆锥形或窄卵圆形，长6.5～13cm，径3～5cm，有梗，种鳞张开后径5～7cm，成熟后至第二年夏季脱落；种鳞的鳞盾近斜方形，肥厚，有锐横脊，鳞脐瘤状，宽5～6mm，先端急尖，长不及1mm，直伸或微向上弯。种子卵圆形，微具3棱，长6mm，黑色，有灰色斑点，种翅长0.8～3.3cm，易脱落。

华魅506

属 铁筷子属

申请日：2022年6月30日　　申请号：20220726

品种权号：20240245　　授权日：2024年4月25日

授权公告号：国家林业和草原局公告（2024年第12号）

授权公告日：2024年4月25日　　品种权人：浙江省园林植物与花卉研究所

培育人：史小华、张俊林、樊靖、李冬、胡亚芬、罗优波、朱静坚

品种特征特性：多年生常绿草本。株高30～50cm，冠幅30～40cm。开花时花梗直立、花头下垂；该品种重瓣杯型，花萼两种颜色，变色，脉状纹，平展椭圆形，花萼边缘全缘，顶端锐型；内部的花瓣与花萼同色，平展披针形；最大花径7.5cm；雌雄蕊发育正常，结实正常。盛花期为1月下旬至3月底。

盛 锦

属 文冠果

申请日：2022年5月14日　　申请号：20220475

品种权号：20240148　　授权日：2024年4月25日

授权公告号：国家林业和草原局公告（2024年第12号）

授权公告日：2024年4月25日

品种权人：山东省林草种质资源中心、山东林昱宏文冠果股份有限公司

培育人：赵永军、吴丹、陆璐、王磊、解孝满、王震、于伟、张阳、张鑫洋

品种特征特性：观赏型新品种。落叶乔木。树势中等。枝条斜上立，当年生枝绿色具紫红色，无毛。叶片阔披针形；幼叶绿色，无毛，无白粉；成熟叶绿色，卷曲明显。花序圆柱形，数量中等；花序轴短，无毛；花梗长，无毛；无性花，雌雄蕊等花器变异为绒状花瓣，每朵花约20枚花瓣，花径较小，花常全开放，外层花瓣倒披针形，逐层变小，内层花瓣长条形；花瓣上部初花期淡黄色、盛花期白色、终花期白色，下部初花期黄色、盛花期浅红色、终花期紫色；花瓣重叠，上部流苏状浅裂，横卷，褶皱不明显。不结实。

中仁12号

属 杏

申请日：2022年5月31日　　申请号：20220565
品种权号：20240179　　授权日：2024年4月25日
授权公告号：国家林业和草原局公告（2024年第12号）
授权公告日：2024年4月25日
品种权人：中国林业科学研究院经济林研究所
培育人：乌云塔娜、王淋、赵罕、刘慧敏、朱高浦、李芳东、徐宛玉、白海坤、尹明宇、张钰婧

品种特征特性：落叶乔木。植株生长势强，树姿半开张，成枝能力中。花芽主要着生在一年生枝条上，一年生枝阳面红褐色。叶片长48.56mm，宽37.24mm，长与宽的比为1.3∶1，叶表中绿色，叶基钝圆形，叶尖中等钝角，叶缘尖锯齿，叶缘起伏中；叶柄长27.98mm，叶片长与叶柄长的比为1.74∶1，叶柄蜜腺数1～2个。花单瓣，花径中，花瓣下部浅粉红色。果实23.22g，卵圆形，纵径38.53mm、横径32.24mm、侧径33.61mm，纵径与横径的比为1.2∶1，侧径与横径的比为1.04∶1，果实较对称，缝合线浅，梗洼浅，果顶形状圆凸，果面光滑，果皮无毛，果实底色黄，果实着色面积小，粉红色，斑点式着色；果肉颜色橙黄，质地中，纤维中，硬度中，果实重量与果核重量比为8.68∶1，香气弱，汁液少，可溶性固形物含量15.8%；离核，椭圆形，味甜，核仁中等，饱满。初花期为3月27日，果实成熟期晚（发育期90天）。

冀胭红

属 杏

申请日：2022年9月7日　　　申请号：20221198

品种权号：20240312　　　　授权日：2024年4月25日

授权公告号：国家林业和草原局公告（2024年第12号）

授权公告日：2024年4月25日

品种权人：河北省农林科学院石家庄果树研究所

培育人：武晓红、景晨娟、王端、陈雪峰、刘志琨

品种特征特性：植株生长势强，树姿半开张，成枝能力14.59%。花芽主要着生在花束状结果枝和一年生枝上，一年生枝阳面红褐色。叶片长11.5cm，宽8.89cm，叶表深绿色，叶基钝圆形，尖端锐角，叶尖21.15mm，叶缘双圆锯齿，叶缘起伏弱，叶柄长4.08cm，叶片长与叶柄长2.81，叶柄蜜腺2～3个。花单瓣，花径中，花瓣下部白色（花萼紫绿色）。果实105.8g，圆形，纵径5.2cm，侧径5.7cm，横径5.3cm，纵径与横径比为0.98∶1，侧径与横径比为1.07∶1，果实较对称，缝合线中，梗洼浅，果顶凹，有果顶尖，果面光滑，果皮有茸毛，果实底色橙黄，着色面积大，着色类型紫红色，着色深，着色样式片状；果肉橙黄色，果肉质地中，纤维多，果实硬度0.50kg/cm^2，果实重量与果核重量比为37.80∶1，果实香气无或弱，汁液含量中，可溶性固形物含量11.5%；离核，果核椭圆形，核仁苦味无或弱，中等大小，饱满。初花期早，果实成熟期早（发育期58天左右）。

落 尘

属 绣球属

申请日：2021年8月2日　　申请号：20210776

品种权号：20240494　　授权日：2024年12月25日

授权公告号：国家林业和草原局公告（2024年第16号）

授权公告日：2024年12月25日

品种权人：杭州市园林绿化股份有限公司、杭州画境种业有限公司

培育人：邱帅、彭悠悠、孙丽娜、魏建芬、朱红燕

品种特征特性：落叶直立灌木。高0.57～0.68m。茎圆柱形，绿色，皮孔数量中，为红色，节间长度6.4～8.9cm，被毛，茎节处花青素着色弱。叶片长11.5～12.6cm，宽5.1～6.4cm，无裂，窄卵圆形，叶尖长度长，锯齿深度浅，锯齿密度中等，中绿，上表面光泽度中等，泡状程度中等，无毛，叶柄无花青素着色。伞房状聚伞花序盘状，高度6.9～7.8cm，直径14.6～19.5cm，可孕花明显程度中等，不孕花2轮及以上排列；不孕花萼片1轮，3～5枚，扩卵形，直径5.6～6.6cm，平展，泡状程度强，强重叠，边缘无缺刻，萼片主色为白色，中部为强黄绿色；可孕花花瓣为亮黄绿色。杭州花期5月上旬至6月下旬。

硕丰3号

属 悬钩子属

申请日：2022年11月4日　　申请号：20221499
品种权号：20240788　　授权日：2024年12月25日
授权公告号：国家林业和草原局公告（2024年第16号）
授权公告日：2024年12月25日
品种权人：江苏省中国科学院植物研究所、南京林业大学
培育人：吴文龙、张春红、闫连飞、李维林、赵慧芳、王小敏、杨海燕、黄正金

品种特征特性：无刺灌木。半直立，生长势较强，基生枝数目较少，分枝数目中等且枝条短。4月上旬开花，花较大且呈淡粉色，6月5号左右成熟。采果期约35天，浆果黑色，具光泽，单果较大，平均单果重9.67g，卵形，生长势和果实性状综合表现较好，丰产。

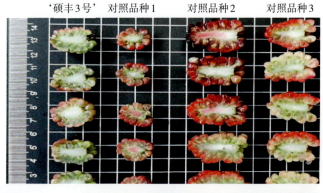

京白1号

属 杨属

申请日：2022年8月17日　　　　**申请号**：20221050
品种权号：20240288　　　　　　**授权日**：2024年4月25日
授权公告号：国家林业和草原局公告（2024年第12号）
授权公告日：2024年4月25日　　**品种权人**：北京林业大学
培育人：安新民、郭斌、马佳琳、郑智礼、李善文、陈仲、高凯、李娟、薛胤轩、陈婷婷、郭新香

品种特征特性：1年生苗干通直，中上部极少有侧枝；1年生嫁接苗顶端新生叶上表面绿色，颜色深度为浅。叶片长度为长，宽度为中，叶片中脉长度与叶片最大宽度之比大于1；叶片轮廓平展；叶尖形状阔渐尖。成年树雌株干形通直，速生，球状树冠饱满，树皮青绿色，幼时呈墨绿色，皮孔稀疏，不规则分布，叶缘锯齿少且尖锐，叶基楔形，叶基角160°左右，叶片长89mm左右，宽68mm左右，叶面积3880mm²左右，叶柄长44mm左右，叶芽宽3mm左右，叶芽长5.3mm左右，节间长度51mm左右。

袈 裟

属 叶子花属

申请日：2021年3月18日　　申请号：20210178

品种权号：20240045　　授权日：2024年4月25日

授权公告号：国家林业和草原局公告（2024年第12号）

授权公告日：2024年4月25日

品种权人：中国热带农业科学院热带作物品种资源研究所

培育人：牛俊海、徐世松、冷青云、黄少华

品种特征特性：灌木型，长势强壮。叶片平展中卵形，叶基近圆形，叶色深绿，无色斑。花苞片为单瓣型，平展阔卵形，基部心形，平均长4.7cm，平均宽度4.0cm；苞片花色为单色，小花开放时苞片主色为橙色；小花3朵聚集成簇，花被管橙色，平均长2.0cm；小花花径平均为0.9cm，开口向上。

红 日

属 玉叶金花属

申请日：2022年5月18日 申请号：20220508
品种权号：20240157 授权日：2024年4月25日
授权公告号：国家林业和草原局公告（2024年第12号）
授权公告日：2024年4月25日 品种权人：中国科学院西双版纳热带植物园
培育人：吴福川、钱丽珠、李关宏

品种特征特性：落叶直立灌木。高1~1.5m。枝具毛，分枝紧凑、生长势较强。叶纸质，长椭圆形，长7~10cm，宽4~6cm。聚伞花序顶生，具花数朵，每朵花的5枚萼裂片叶片状，红色，均不同程度变大，为主要观赏性状；雌蕊柱头突出花冠中心位置外部，花冠五角星状，颜色为乳黄色，中间颜色较深，具有1圈深红色毛刺。易结果。

紫蝶点醉

属 鸢尾属

申请日：2022年7月3日　　申请号：20220744

品种权号：20240701　　授权日：2024年12月25日

授权公告号：国家林业和草原局公告（2024年第16号）

授权公告日：2024年12月25日　　品种权人：北京市植物园管理处

培育人：朱莹、刘恒星、宋华、西景营、安晖

品种特征特性：复色品种，花瓣质地厚实；花径16cm；垂瓣紫色，宽椭圆形，半下垂，边缘褶皱中，长8.4cm，宽7.7cm；髯毛黄色；旗瓣淡紫色，椭圆形，抱合，边缘褶皱明显，长8.5cm，宽6cm；花茎高61cm，分枝数3，单茎着花6朵。花期4月下旬，单朵花期3~4天。

云 霞

属 鸢尾属

申请日：2022年1月18日　　**申请号**：20220082

品种权号：20240643　　**授权日**：2024年12月25日

授权公告号：国家林业和草原局公告（2024年第16号）

授权公告日：2024年12月25日　　**品种权人**：江苏里下河地区农业科学研究所

培育人：孙叶、马辉、刘红、魏晓羽、张甜

品种特征特性：该品种株高62cm，葶高65cm。叶宽1.8～2.0cm。花冠幅16cm。每葶开2朵花，复瓣（6F），花瓣淡粉色，3分花柱粉紫色（RHS N82A），花斑黄色，花姿平开。花期5月底至6月初。各项园艺指标优良，杂交不结实，繁殖系数3～4。抗病虫害强，适合盆栽和地栽，全国各地均可引种栽。

粉红知己

属 鸢尾属

申请日：2021年12月29日　　申请号：20211684

品种权号：20240635　　授权日：2024年12月25日

授权公告号：国家林业和草原局公告（2024年第16号）

授权公告日：2024年12月25日　　品种权人：江苏省中国科学院植物研究所

培育人：原海燕、刘清泉、张永侠、王银杰

品种特征特性：多年生宿根草本。肉质根茎。叶剑形，长45～55cm，宽4.0～4.5cm，无中脉。内外花瓣长椭圆形，内花瓣直立，外花瓣下垂；花复色，外花被为深紫红色，内花被为淡粉色；花横径11.5～13.5cm，纵经12～13cm；外花瓣髯毛橘黄色；花茎70～75cm，单花茎着花6～8朵。单朵花期3～4天，群体花期4月中旬至5月中下旬。

紫约1号

属 越桔属

申请日：2022年8月14日　　**申请号**：20221032

品种权号：20240284　　**授权日**：2024年4月25日

授权公告号：国家林业和草原局公告（2024年第12号）

授权公告日：2024年4月25日　　**品种权人**：安徽紫约种业有限公司

培育人：蒋洪洲

品种特征特性：南高丛蓝莓，需冷量低。常绿小灌木，开张，树势强。当年生枝黄绿色，不弯曲。单叶互生，不对称；叶片披尖橄榄形，长宽比约2.53∶1；叶锐尖，叶缘有锯齿；叶正面绿色，平展；叶背面绿色，网纹清晰，叶柄较长。总状花序，每个花序5~8朵花，花冠倒钟状，柱头低于花冠。果实扁圆至近圆形；中早熟，果实大，平均单果重3.0g，最大7.2g，横径20mm；果萼中大不规则；天蓝色，果粉厚；果蒂痕大、干、深；果实极硬，脆，极甜多汁，可溶性固形物16.09%，有典型的热带水果香气，口感丰富，风味极佳。丰产稳产。

辽蓝503

属 越桔属

申请日：2022年11月8日　　申请号：20221519

品种权号：20240793　　授权日：2024年12月25日

授权公告号：国家林业和草原局公告（2024年第16号）

授权公告日：2024年12月25日

品种权人：辽宁省果树科学研究所、辽宁省农业科学院

培育人：魏永祥、杨艳敏、孙斌、王升、王兴东、杨玉春、蒋明三、孙鹏程、高树清、刘成、刘有春

品种特征特性：树姿直立。叶片卵形，浓绿色，全缘，单叶互生。1年生枝绿色，枝条顶端着生花芽5～8个，花芽尖圆。总状花序，由7～10朵花组成；花白色，圆柱状，有棱脊，花萼灰绿色。果实扁圆形，果皮深蓝色，果粉极厚，外观美；果实中大，平均单果重3.2g，最大单果重7.2g，可溶性固形物含量14.2%，总糖含量12.5%，可滴定酸含量0.63%，维生素C含量11.3mg/100g，花青苷含量91.54mg/100g；果实甜，有多种水果香味，品质极上，极丰产，成熟期一致，低温需冷量500～550h，土壤适应性强，定植第二年即可结果，第四年进入丰产期，亩产量达989.7kg。

沃蓝一号

属 越桔属

申请日：2022年9月8日　　**申请号**：20221219

品种权号：20240315　　**授权日**：2024年4月25日

授权公告号：国家林业和草原局公告（2024年第12号）

授权公告日：2024年4月25日　　**品种权人**：青岛沃林蓝莓果业有限公司

培育人：廖甜甜、高玉坤、高勇、胡博

品种特征特性：树势旺，树姿直立至半开张，1年生枝条红色，1年生枝条节间长度中等，花芽花青甙显色强，花冠花青甙显色无或者极弱。2年生枝条初花期早，花序长度中等，花冠大，呈圆柱状，有棱脊；叶芽萌发早，叶片长度中等，宽度中等，叶型指数小，叶片椭圆形，表面绿色，叶色深度中等，边缘全缘，背面无茸毛或极少。未成熟果实绿色程度中等，成熟期早，果穗密度中等，单果大，果实纵切面呈扁圆形，萼片直立着生，反卷，萼洼直径大小中等、深，果粉极厚，果皮去果粉后颜色蓝黑色，果实极硬，甜度中等，酸度低。

中云3号

属 云杉属

申请日：2021年12月10日　　**申请号**：20211496

品种权号：20240591　　**授权日**：2024年12月25日

授权公告号：国家林业和草原局公告（2024年第16号）

授权公告日：2024年12月25日

品种权人：甘肃省小陇山林业科学研究所、中国林业科学研究院林业研究所、北京市植物园管理处

培育人：安三平、王军辉、吕寻、王丽芳、许娜、欧阳芳群、麻文俊、贺然、杨桂娟、胡继文、马丽娜、鲜小军、杜彦昌

品种特征特性：冠形圆锥形，有主干，株高4.1±0.3m。疏密度中等。上层枝数量（秋/冬）少，1年与2年生枝5cm处夹角小，20°～40°，枝条不下垂；当年生枝条长3～10cm，粗0.1～0.2cm；木质化后阳面黄色，当年生枝表面无毛、无白粉。针叶密度中等，当年生主枝针叶排列方式近辐射状；针叶横切面扁平形，无边生树脂道，针叶上、背面气孔线完整，针叶上面（秋季）黄绿色，1年生枝主枝上部针叶长0.85±0.15cm，下部针叶长1.06±0.11cm，1年生枝侧枝上部针叶长0.69±0.09cm，下部针叶长0.75±0.06cm，针叶较宽，顶端微尖，弯曲程度弱，芽圆锥状，芽大小中等，红褐色，无树脂，芽鳞排列紧密程度紧贴、不反卷，基部宿存芽鳞排列紧密程度紧贴、不反卷，光敏性弱。

云 脆

属 枣属

申请日：2022年5月27日　　**申请号**：20220554
品种权号：20240170　　**授权日**：2024年4月25日
授权公告号：国家林业和草原局公告（2024年第12号）
授权公告日：2024年4月25日
品种权人：北京市农林科学院、北京市密云区太师屯镇流河沟股份经济合作社
培育人：潘青华、赵云峰、张玉平、武阳、戚元勇、姚砚武、胡广隆、路东晔

品种特征特性：树姿半开张，干性强，枝条中密，树冠伞形，树势强，主干灰褐色，枣头平均节间长6.8cm。二次枝长37.5cm，7～10节。针刺发达，枣股一般为圆锥形，一年生枝侧枝枣吊长24.4cm，平均着生叶片15.7片；叶片深绿、光亮，卵圆形，长6.8cm，宽3.8cm；叶尖钝尖，叶基圆形，叶缘钝锯齿。花量中等。该品种在北京地区，9月中旬果实成熟，为中熟品种类型；果个较大，卵圆形，纵径4.93cm，横径3.13cm，单果重23.5g，大小整齐，果肩平圆，果顶尖，果皮中等厚，紫红色，果面表面稍有隆起，果点大而显著，果肉厚，绿白色，肉质细嫩酥脆，甜味浓，汁液多，口感极佳，适宜鲜食。鲜枣可食率96.0%，含可溶性固形物22.80%，酸0.44%，100g果肉维生素C含量342mg，鲜食品质上等，较耐储。该品种果核较大，纺锤形，纵径2.14cm，横径0.68cm，核重0.85g，种仁饱满，核内多含单仁，含仁率75%。

华楸3号

属 梓树属

申请日：2022年11月15日 申请号：20221566

品种权号：20240806 授权日：2024年12月25日

授权公告号：国家林业和草原局公告（2024年第16号）

授权公告日：2024年12月25日

品种权人：中国林业科学研究院林业研究所、中国林业科学研究院华北林业实验中心、南阳市林业科学研究院

培育人：麻文俊、胡瑞阳、孙敬爽、王军辉、杨桂娟、翟文继、郑广顺、边星辰、安静、汪小溪、贾德胜

品种特征特性：落叶高大乔木。直立生长，始花年龄2年。当年生枝3叶轮生。叶片宽卵形，顶端渐尖，基部中心性，有裂，全缘，基部5出脉，下表面主侧脉夹角处分布多个褐色腺点，主脉、侧脉被表面毛。圆锥状聚伞花序，花径口中，花萼花梗被毛，花冠白色着紫色斑点，花冠内具有2黄色条纹和若干不连续紫色条纹；多次开花。蒴果线形。种子长椭圆形，两端有毛。花期6月上旬至8月下旬。

艳羽霓裳

属 紫薇属

申请日：2022年11月30日　　**申请号**：20221682

品种权号：20240830　　**授权日**：2024年12月25日

授权公告号：国家林业和草原局公告（2024年第16号）

授权公告日：2024年12月25日　　**品种权人**：江苏省中国科学院植物研究所

培育人：李素梅、王淑安、王鹏、吕芬妮、李亚、杨如同

品种特征特性：灌木。6年生苗株高170cm，干皮黄白色。嫩枝紫红色，小枝四棱明显。叶片长2~5.5cm，宽2.1~4.8cm，椭圆形，叶片黄绿色至粉紫色，秋季橙红色。花蕾圆锥形，长0.8~0.9cm，宽0.7~0.8cm，花蕾红色；花序长18.5~25cm，宽15.5~18.5cm，着花数20~45朵；花萼筒长0.4cm，萼筒微具棱；花径为3.8~4.2cm，花紫红色，花瓣长1.0~1.2cm，宽1.2~1.3cm，花瓣边缘褶皱，瓣爪与花瓣同色，长0.8cm。果实圆形，长1.0~1.1cm，宽0.9~1.0cm。花期6~9月。

潇湘华霞

属 紫薇属

申请日：2022年10月31日　　申请号：20221442

品种权号：20240777　　授权日：2024年12月25日

授权公告号：国家林业和草原局公告（2024年第16号）

授权公告日：2024年12月25日

品种权人：湖南省林业科学院、长沙湘莹园林科技有限公司

培育人：王湘莹、王晓明、曾慧杰、陈艺、蔡能、李永欣、乔中全、王昊、王惠

品种特征特性：小乔木。半直立，干皮褐色。小枝四棱明显，翅短，柔毛密度低。叶片椭圆形，幼叶颜色灰橙，成熟叶片褐色（RHS 200A），叶片无洒金，叶缘起伏，叶背柔毛密度低，叶片大，长9.7~11.5cm，宽3.5~4.4cm。花芽圆锥形，绿色和红色，缝合线突起强，无附属物，顶端有突起，长0.86~0.92cm，宽0.72~0.85cm；花萼棱明显，密被柔毛，长1.07~1.18cm；花径2.7~3.6cm，单色花紫色，花瓣边缘褶皱，瓣爪长0.28~0.46cm，紫红色。花期6~10月，结实性无。